U0247308

和爸爸妈妈一起玩艺术

儿童黏土实验室

【美】凯西·斯蒂芬思　著

上海人民美术出版社

图书在版编目（ＣＩＰ）数据

和爸爸妈妈一起玩艺术 : 儿童创意黏土实验室 /
（美）卡西亚·斯蒂夫妮著 ; 何积惠译 . -- 上海 : 上海
人民美术出版社 , 2019.8
书名原文 : Clay Lab for Kids
ISBN 978-7-5586-1363-0

Ⅰ . ①和… Ⅱ . ①卡… ②何… Ⅲ . ①粘土—手工艺
品—制作—儿童读物 Ⅳ . ① TS973.5-49

中国版本图书馆 CIP 数据核字 (2019) 第 147582 号

Copyright manager：Kang Hua
原版书名：Clay Lab for Kids
简体中文版书名：和爸爸妈妈一起玩艺术：儿童创意黏土实验室
本书的简体中文版经过 Quarto 出版集团授权，由上海人民美术出版社独家出版。版权所有，侵权必究。
合同登记号：图字：09-2018-030

和爸爸妈妈一起玩艺术：儿童创意黏土实验室

著　　者：【美】卡西亚·斯蒂夫妮
译　　者：何积惠
责任编辑：张维辰
书籍设计：张惠建
技术编辑：史　湧
出版发行：上海人民美术出版社
　　　　　（上海长乐路 672 弄 33 号）
　　　　　邮编：200240　电话：54044520
网　　址：www.shrmms.com
印　　刷：广东博罗园洲勤达印务有限公司
开　　本：889x1194 1/16 9 印张
版　　次：2019 年 8 月第 1 版
印　　次：2019 年 8 月第 1 次
书　　号：ISBN 978-7-5586-1363-0
定　　价：68.00 元

和爸爸妈妈一起玩艺术

儿童黏土实验室

【美】凯西·斯蒂芬思　著

52 个趣味黏土手作实验

目录 CONTENTS

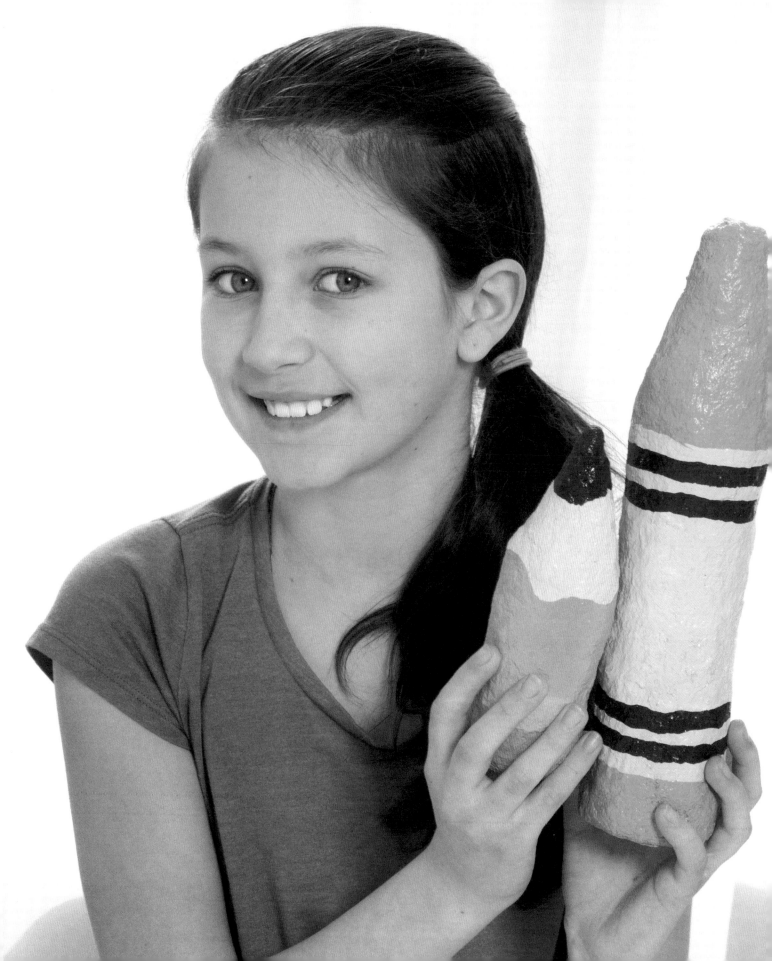

引言

约20年前，我正在上大学，白天被工作室艺术课程排得满满当当，晚上一连数小时作画不辍。对我而言，一个绝对美妙的梦想实现了，但给我支付教育费用的父母亲却不是那么确信梦想会变为现实。当他们建议我同时上一些艺术教育课的时候，我不免显得疑虑重重。在向儿童传授艺术方面，我究竟知道些什么呢？姑且让镜头快进到当下吧：一直以来，我始终在致力于教育工作。我还有好多东西需要学习，但有一点我知道得非常确切，那就是儿童像我一样热爱创作。

如果你去问一问数百名多年来我教过的孩子，什么是他们最喜爱的艺术活动，那么他们准会以各自热衷的"黏土"作为回应。真正抓住每个孩子的心灵和想象力的，是用自己双手劳作的快乐，是创作出一些三维或者实用性物品的喜悦，更不用说搞得遍地狼藉的率性。每当有学生时隔多年来我家做客，我总会听他们说起家里依然陈列着那个盘绕形有柄大杯、黏土鱼或者雪人雕塑。

在本书中，我们将要探究多种不同的市售黏土媒介，它们都不需要用窑烧制。从风干黏土、纸质黏土到树脂和用家中日常材料自制的黏土，本书将通过推出52节实验课，引领你对它们做一番切身体验，从中获取灵感启示。尽情享受创作带来的喜悦和快乐吧！

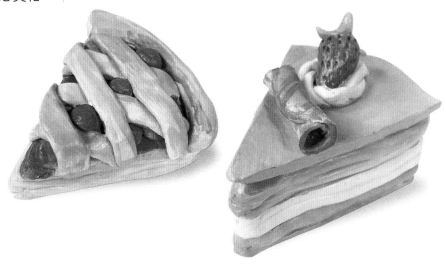

陪儿童玩黏土

～～～～～～～

儿童是天生的艺术家。

他们凭本能就知道该如何用手指去挖黏土，知道该如何用蜡笔在纸上画画（或者在家里的墙壁上涂鸦，如果你稍不留神的话），而且可以创造出似有魔力般的神奇之作。也许你并不理解眼前看到的图像，但当小家伙洋洋得意地给你做出解释的时候，他们的想象力是显而易见的。

本书是给喜爱稍微捣些蛋、用双手劳作和创造记忆的儿童写的。总而言之，本书是为所有生活在我们中间的艺术家写的。

本书是如何编排的

本书是以风干黏土、树脂黏土和自制黏土这些非烧结黏土为单元来划分编排的。在用各种不同类型的黏土进行创作时，小艺术家会觉察到它们之间存在的差异，可能会更享受一种而不是另一种所带来的乐趣。有些黏土是水性的，手感黏糊糊的；而有些黏土则不然。这些实验课所用的黏土，尽管材料和纹理各不相同，但几乎全都可以互相换用。运用你在任何一节实验课中偏爱的黏土，现在就开始动手探索吧！

这些实验课会任由儿童去探索每种媒介，学习新的技法，从中受到灵感启示。每个创意会导向另一个创意，恰如滚下山坡的球那样越来越势不可挡。然而，也不必按排定的顺序去完成实验课。要允许你的小艺术家去创作激发他们兴趣的作品。有些孩子想要完成的作业可能和本书是一模一样的，但也有些孩子可能会选择将创意带往一个全新的方向。所有的方向都是有益的。

在很多实验课内，一些适应性的建议针对成长中的艺术家被提出。当年幼的孩子同大哥哥或大姐姐一起共事的时候，让年幼的一方勉力达到哥哥姐姐心目中的某种标准难免会使他们产生一种挫折感。好好哄哄他们。要使他们懂得，练就强健的手肌和技巧是需要花费时间的。介绍他们了解所提出的适应性的建议。最重要的是放松身心、潜心创作，并一起玩得开心。

基本必备用品

让我们来谈谈你在开始自己的黏土实验课时需要配备的工具和材料。你的黏土历险需要配备什么呢？这里列出了一份基本的清单。

被盖住而不杂乱的工作空间

我喜欢在自己餐厅的餐桌上工作。然而我不希望黏土弄脏或者损坏餐桌，所以在工作之前总会铺上一大张洁净的白纸。纸卷是我偏爱的餐桌遮盖物，因为它允许我只要从中撕下一张铺上就可以工作了，一旦完工还可以回收利用。报纸、塑料餐垫或者大张硬板纸的效果也不错。画布是一个很好的选择，因为它可以被洗涤和重新使用。

罩单

如果你在铺着地毯的房间里工作就会需要它。掉落的黏土片若被碾碎嵌进地毯纤维可能是很难被去除的。

罩衫或围裙

本书中使用的黏土只需要用肥皂和水清洗一下就可以被去除。然而小艺术家常常习惯在衣服上擦拭双手。罩衫或围裙可以让它们稍微干净一些。

婴儿柔湿巾

有些孩子可能不喜欢某类黏土的纹理或者干燥黏土对于手的刺激。对他们来说，婴儿柔湿巾是一个便捷的解决办法。

擀面杖或广口瓶

你在做这些作业时常常需要将一块黏土碾平。擀面杖就是做这个工作的，但广口瓶的效果也挺不错。然而，把黏土敲平是我的学生偏爱的选项。我要他们力求达到"饼干厚度"。一旦压扁了，把黏土翻到平滑而未经敲打的一面。要允许你的艺术家选择他们偏爱的压扁方法。

带纹理的材料

黏土的一个有趣之处在于它能够捕捉纹理。我制作纹理用的是鞋底、粗麻布、旧针织套衫，甚至蕾丝。带纹理的塑料制品、硬纸板、编织物和更多废弃材料都可以保存起来，以便日后玩黏土时使用。

圆木棒

圆木棒是一种带有尖头、用来做烤肉串的木质棒状物。它们价格低廉，可以在很多杂货铺里买到。我们在实验课里就是用它来切割黏土和戳孔的。连接两

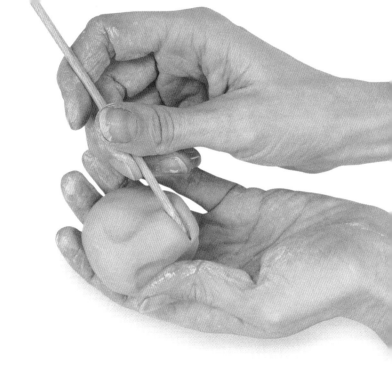

滑移和勾划

滑移是描述水性黏土的另一个用语，勾划的意思则是指刮擦。拼接两片黏土，需要勾划两者表面（使用圆木棒的效果也不错），用水沾湿表面，将两者按压到一起。本书中的滑移和勾划方法，是用牙刷和圆木棒来完成的。

片黏土的滑移和勾划方法也要用到它们。

旧牙刷

用风干黏土进行创作时，牙刷可以在滑移、勾划和附贴黏土片方面发挥巨大作用。为了互相贴住风干黏土也可用一把略带潮湿的牙刷，轻轻擦净两片黏土。牙刷还是在黏土上营造纹理的便捷工具。

防溢杯中的水

除了树脂黏土之外，本书中所有的黏土都需要有水才能帮助你开展创作。水在很多工作中起着胶水的作用，对于抹平表面裂缝也很有帮助。只要在防溢浅碗中准备少量的水就行了。狗碗是水杯极好的替代品，因为它们在设计上考虑到了防溢要求。你可以在当地的1元店里找到它们。

牙签、回形针、铅笔和棍棒

在本书中，有很多作业中刮擦、戳洞和凹凸处理的细节是利用家庭日常杂物创造出来的。瞪大你具有创意的双眼，准备一个用品箱，把有助于黏土探索的玩意儿都汇集起来。

压蒜器

一款廉价的压蒜器是手边必备的有趣工具。在使用风干黏土时可用它造成酷似意大利面的纹理，可以用来制作头发、串珠、草或树叶。

牙线

有些风干黏土呈厚块形状。用牙线从大块材质上切取黏土是一个简单有效的方法。将牙线缠绕在无名指上，扯着它穿过黏土，就能简单地切成恰到好处甚至均匀的薄片。

婴儿润肤油

树脂黏土可能会变干硬，动辄易碎，因而难以用来创作。如果发生这种情况，在你的两手上滴几滴婴儿润肤油，通过揉搓就可以简单地使其渗入黏土。在你的工作过程中，黏土会恢复它柔软而有韧性的状态。

肥皂、水和软刷

树脂黏土有些较深暗的色调可能会短暂地弄脏双手。用热的肥皂水和一把软刷，就可以简单易行地将污迹清除。

钝的黄油刀

这是能够干净利索地切割黏土的完美工具，不会对纤细的小手构成任何危险。

形形色色的黏土

供选的黏土范围广泛，种类繁多，可能令人目不暇接。关键是要允许你的孩子试用几种类型。每一种都有其自身的质感与手感、品质与固化方法。多种选项的探索会让你的艺术家发现他或她的最爱。

树脂黏土

市售的树脂黏土普遍具有各种诱人的颜色。但是，你不必将每种颜色的树脂黏土都买回来进行创作。在本书的树脂黏土单元中，我们将向你演示如何创造你自己的颜色，以及如何将这一媒介探索到极致！

树脂黏土是在普通厨房烤炉或面包烤箱内通过烘烤而硬化的。制造厂商的用法说明各不相同，但是烘烤必须在成人的监督下进行。烘烤过度可能会冒烟。一定要等树脂黏土作业彻底冷却后再去触摸。

树脂黏土是无毒的，尽管如此，仍应对儿童采取一定的预防措施。儿童在使用黏土后应当洗手，不该让他们试着品尝它的味道。用来预制食品的工具不该用于黏土，也不宜用树脂黏土工艺品来盛放食品。

用剩的树脂黏土可以储存在玻璃容器内，也可以按颜色分类，放入蛋品包装纸盒。不要使用塑料容器或塑料保鲜膜，因为它们可能会引起同树脂黏土一样的反应。

风干黏土

工艺品商店出售的风干黏土范围广泛，种类繁多。每一种都有其独特的性能，但是你不需要全都购买！一次买一种，分别对它们进行最充分的探索，以此决定你最喜欢什么。有很多实验课适合于采用若干种黏土，并不仅仅限于建议的那种。

风干黏土的缺点是需要很长时间才会干，这一点可能让缺乏耐心的小艺术家感到难以接受。为了加速干燥过程，遇到暖和的日子，可将黏土置于阳光底下。在晾干的过程中，一定要记得翻转黏土，让背面也得以干燥。如果不翻转一下黏土，潮湿的底面就会发霉。完成风干黏土的操作后，宜用塑料保鲜膜将它严实裹紧，再储存到密封袋内。这样可防止黏土干掉。

发泡胶塑形风干/风干塑形黏土

这种黏土既有白色的，也有呈现赤陶色泽的。在干燥状态下，它看上去非常像用窑烧制的黏土，但用这种黏土完成的作业需要长达一星期的时间才会干透。不使用的时候，必须将它保存在一个不透气的拉链锁袋内。

Plus塑形黏土

这种黏土无论在外观还是触觉上都酷似用窑烧制的黏土。它黏性很强，让人感到有些麻烦，简直称得上真材实料！它像发泡型黏土一样是水性的，应储存在不透气的袋内。干燥时间仍需要几天，别忘了翻转一下，以免发霉。

富于创意的纸质黏土塑形材料

这种黏土的重量非常轻，用它进行创作很有乐趣。它往往会在你工作之际就干掉，所以手边必须备点水，用以抹平裂缝。一定要把它存放在不透气的拉链锁袋内。

自制黏土

当手边没有商店买来的黏土可供工作的时候，你该怎么办呢？你当然可以自己动手做呀！事实上，自制黏土带来的巨大乐趣在于制作它的过程。你会发现每个配方都有其独特的工艺性能。你可能会乐意采纳有些配方胜过其他配方，但有一点是可以肯定的：你会在这个过程中度过愉快时光！所有配方的纸质黏土，几乎都不需要烧制和烘烤。在要求烘烤的时候，必须要有成人的监督。

每种自制黏土都有各自的配方。仔细阅读每个配方，以确保备齐一切必要的用品。你还需要一个混合碗、量杯、调羹、围裙和干净的工作台面。

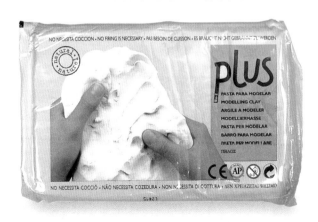

其他必备用品

水彩、丙烯或水粉颜料

　　恰似黏土一样，不同的颜料也有不同的品质。对于初学的艺术家来说，水彩颜料是一个绝妙的选择，因为它用起来方便，容易混合新的色彩，也容易清理干净。水彩颜料是透明的，上色时不宜进行全方位覆盖。能够在这方面发挥作用的是丙烯颜料。色彩缤纷的小瓶丙烯颜料，可以在工艺品商店里买到。然而，要切记，丙烯颜料并不总是能洗刷掉纹理和其他平面。水粉颜料是一种多功能颜料：它可以是半透明的，也可以是不透明的，视上色的具体情况而定。此外，它还是可以洗涤的。

　　一旦完成了用风干或自制黏土完成的创作，你可能就会想到添加色彩。如果你想要让黏土颜色一览无余，那么使用水彩颜料可以说是恰到好处。水粉颜料更加不透光，可任由你像使用水彩颜料时那样调配色彩。丙烯颜料能够全方位地覆盖色彩。

莫德·波奇（Mod Podge）剪贴胶或透明密封胶

　　为了密封和保护完成品，可在作品表面涂抹一层无光或有光的密封胶。你和孩子一起工作时宜使用无毒、基于丙烯的密封胶，比方说莫德·波奇剪贴胶。基于丙烯的密封胶无烟，干得快，可以用肥皂和水清洗。最重要的是，让孩子使用也很安全。但基于丙烯的密封材料是不防水和不防风雨的，所以千万别让你的小艺术家把完成的作品丢弃在户外。

陪儿童玩黏土小贴士

尝试某样新鲜事物，总得遵循通常呈S形的学习曲线。这可能会给小艺术家造成一种挫折感，以至于他们异口同声地直嚷嚷："我学不会！"为了避免发生这种情况，每次上课前不妨找孩子们聊一聊，告诉他们将要学习一些新东西，而这个过程需要的是时间和耐心。应在创作时订立一条规则："不说消极否定的话。"从"我学不会"到"只要坚持努力，我就能够把它学会"，小小的词汇转变足以使事情变得大不相同。

和孩子们一起工作的时候，要鼓励他们运用搭伴制。如果他们看到有伙伴在学习中遇到困难，要允许他们把讲授内容重新教一遍。我发现，孩子们在相互解释操作要领方面做得比我出色，因为他们有共同语言。

不要替孩子们代劳。如果你决定和孩子们一起创作，那就千万别将他们的作品单挑出来，在上面改了又改。这暗示着你是艺术家而他们不是。只要取一片新鲜黏土，和他们一起按步骤慢慢地做你自己的作品就行了。自己参与创作完成的艺术品，会让他们感到更加幸福。

尽可能保留孩子的艺术作品，哪怕是临时性也行。孩子创作的一切未必就是杰作。然而，即使是微不足道的作品也会在展示成长历程方面发挥重要作用。随手记下作品的创作日期。日后把作业聚集起来，按年月顺序给予排列。这样准会激起你的小艺术家继续创作的积极性。

如果揉捏得太薄，风干黏土和自制黏土一旦干掉就有可能变脆。我喜欢用"厚如饼干"作为衡量揉平和敲平黏土的标尺。这一规则不适用于树脂黏土。

在黏土创作的过程中，只有慢慢走才能走得久远。不要让孩子用整包风干或树脂黏土工作，宁可从中切下一小部分，等到需要时再添加。

必备用品的清洁和保管

用黏土工作和处置凌乱状况，是一门控制混乱的艺术。如果必要的话，工作台面和地板，还有你的小艺术家都应遮盖起来。应从心底里认识到，这些黏土是可以用肥皂和水冲洗掉的，最大的乐趣在于由着性子捣乱！

我坚信，在创作时应有一个专用空间可以让人待在里面。只要拥有一个可以存放基本必备用品、形形色色的黏土和整洁地收藏这本书的空间，哪怕是一张小书桌、餐桌一角或电视柜，都足以鼓舞小宝贝们静下心来投身创作。

传授良好的清洁技能，可确保必备用品享有漫长的艺术创作生命。圆木棒、擀面杖、刷子和调色板应当彻底洗干净。如果时间上不允许，可准备一个盛放有温热的肥皂水的塑料桶，将用过的工具都浸泡在里面。

在我的艺术室里，学生们是在用纸覆盖住、再铺以塑料餐垫的平台上工作的。他们会用一块微湿的涂满肥皂的海绵，将餐垫擦得干干净净。几天以后，纸被回收和替换。这样有助于保持桌子干净，而清洁工作只是举手之劳。

准备一把小扫帚和一个簸箕，好让你的孩子随时扫清任何掉落到地上的黏土。对于铺着地毯的房间而言，手持式真空吸尘器的效果会是挺不错的。

风干黏土和基本知识学习

种类繁多的风干黏土可以在市场上购买到。

通过本章的实验课来探究它们的不同性能是一件有趣的事情。你的小艺术家中会有人偏爱一种胜过另一种，所以要牢记在心的是：你在下列任何实验课中可以使用任何风干黏土。

风干黏土是水性的，所以工作台上应始终摆放一个盛水的防溢杯，万一黏土干掉难以操作时可以备用。晾干时间是随风干黏土的不同品牌和不同厚度而变化的。在晾干的过程中，应不时翻转一下完成的作业，确保它们干得均匀而彻底。

带鞋印的陶器

关于黏土最酷的特质之一，是它拥有捕捉纹理的本领。你在这节实验课中将利用鞋底的凹陷来做一次制作纹理的试验。利用你能够找到的鞋子——有多少就用多少——来制作形形色色的纹理，以此装饰这件别致陶器的边沿。但是要提防，鞋底上的污物最终难免会沾到你的黏土上，所以要使用鞋底干净的鞋子。

工具和材料

风干黏土（我是选用纸质黏土来上这节课的）

鞋子

陶盆

水

画笔

丙烯颜料

金属丙烯颜料

1　先用你的双手搓几个黏土圆球。揉搓黏土圆球，可将其放在两手之间。一边循环转动你的手，一边缓缓地加大压力。（图1）

2　物色一双鞋底干净、带有各种图案和纹理的鞋子，用力将每个黏土圆球压入鞋底的凹陷处。稍微压扁每片黏土，然后剥离。你将会看到黏土上形成的纹理。（图2和图3）

3　准备好陶盆。稍微用水沾湿其中一片黏土的背面，轻轻将它按压到陶盆边沿上。继续按压，一直到陶盆边沿上全是交叠着的黏土片为止。（图4）

4　让陶盆晾几天。循着陶盆边沿为黏土片涂上丙烯颜料。一旦它们干了，就轻轻在上面涂上一些增强光泽度的金属丙烯颜料，尽显带鞋印的纹理。（图5）

图1
图2
图3
图4

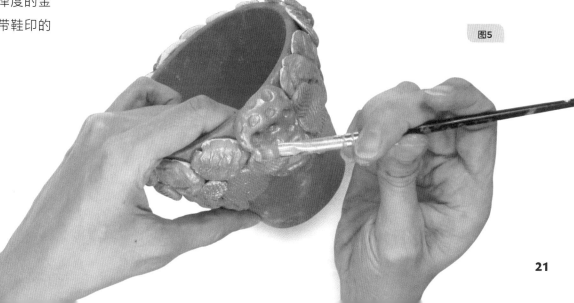

图5

咖啡杯和甜甜圈

你在这节实验课中将学习到很多黏土雕塑的基本常识：如何制作陶杯、块状黏土或压扁的黏土片以及盘绕状黏土或黏土擀片。你可以把这些新的技巧全部汇集在一起来制作咖啡杯、茶碟和甜甜圈！

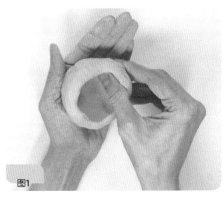

图1

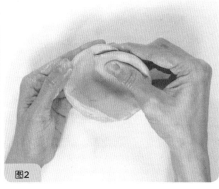

图2

1 先将大小如橙子的黏土圆球置于你的手掌心。将另一只手的拇指放在上面，其他手指环绕背面。拇指用力压入黏土，直到快接近底部为止，但切不可顺势压穿黏土。（图1）

2 拇指从黏土上移开。由此形成的缺口就是陶杯的起点。如果要加大陶杯的形体，可将你的手指放回到缺口处，用手指捏塑侧面。一边捏，一边转动，直到侧面和底部达到饼干厚度为止。

工具和材料

白色水性风干黏土（我选用Amaco Marblex品牌）

水

牙刷

蜡笔

水彩颜料

画笔

发泡彩胶

莫德·波奇剪贴胶

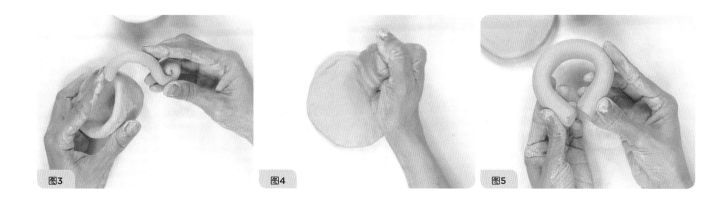

图3

图4

图5

3 如果陶杯走样变形，可在黏土上撕开1英寸（2.5厘米）。互相搭接两处撕开的边缘，用手指抹平接缝。在陶杯的另一侧，重复这个操作。（图2）

4 制作杯子的把柄，可取一片大小如警车顶灯的黏土，在手中上下揉搓，将黏土做成细长条。细长条应当像手指那么粗，并始终保持均匀。

5 将细长条的一端做成盘绕状。弯折细长条，做成杯子的把柄形状，再放到陶杯边。如果有必要的话，可修整一下细长条再贴上去：用一把湿牙刷刮擦陶杯上准备安置把柄的地方。将把柄按压到刮擦过的部位，抹平，直到它被粘住为止。将杯子放在一边。（图3）

6 制作甜甜圈的盘子，取一片大小如橙子的黏土，将其搓成圆球，并放到你的工作台面上敲平。待它达到饼干厚度，整个跨度完全平坦的时候停止敲打。将它放在一边。（图4）

7 制作甜甜圈，取一片大小如高尔夫球的黏土，双手上下搓它。待它长达6英寸（15厘米）的时候停止。将它弯折成O字形。为了拼接O字形的两端，用一把湿牙刷揉擦两者，将它们互相搭接在一起抹平。将这三片黏土放在一边，晾干大约一星期。（图5）

8 用蜡笔画出花纹，用水彩颜料为杯子和盘子添加花纹，并为甜甜圈上色。为了使甜甜圈显得更加逼真，可以用发泡彩胶添加糖屑或糖霜。晾干颜料。

9 用莫德·波奇剪贴胶密封和保护作品。（图6）

图6

带纹理的风景饰板

你在这节实验课中将学习打造自选风景的技巧，比方说水下风光、海滩日落或者群山美景——纵情驰骋你的想象力吧！把你的创作成果悬挂到墙上，或者放在小画架上炫耀一番。

工具和材料

风干黏土（我选用Amaco Marblex品牌）

圆木棒

带纹理的织物

擀面杖或广口瓶

牙刷

水

压蒜器

水彩或水粉颜料

画笔

莫德·波奇剪贴胶

1　取一片大小如橙子的黏土。将黏土揉搓或敲打成扁平的块状，它应该均匀，达到饼干厚度。如果你喜欢的话，可用圆木棒将边缘修整成如长方形或圆形，或者让它保持未加工的状态。（图1）

2　撕一片大小如高尔夫球的新鲜黏土片。将它敲扁，按压到织物上。这片黏土可以像纸那样薄。（图2）

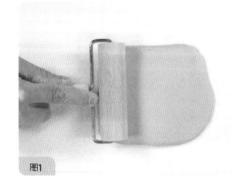

图1

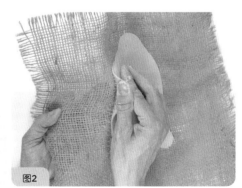

图2

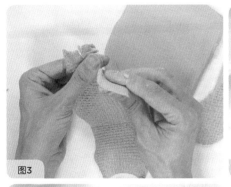

图3

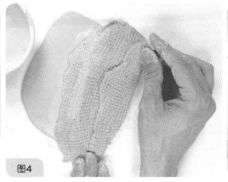

图4

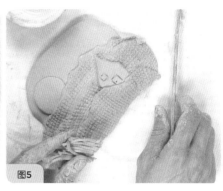

图5

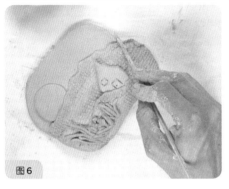

图6

3　按纵向将带纹理的黏土撕成两半，这将是风景的"陆地"。轻轻将它放在第一个块面上，看看会呈现什么模样，然后拿开。制作纹理不同的群山和其他风景。（图3）

4　用一把湿牙刷刮擦表面，轻轻将其按压妥帖，由此将风景片贴到块面上。（图4）

5　设想为天空添加太阳、月亮、星星或云朵。将黏土敲扁，用圆木棒划出这些形状。用一把牙刷将它们贴到块面上。

6　将黏土小球放到压蒜器背面，通过压榨做成草叶。用一把湿牙刷将它贴到块面上。（图5）

7　考虑为风景添加房屋、家庭宠物或树木。再次在压扁的黏土中划出这些形状，用一把湿牙刷轻轻刮擦背面后贴上去。（图6）

8　如果要把饰板悬挂起来，可用圆木棒在顶端戳两个洞。让它晾一星期之久，然后用一根细绳，穿过这些洞。

9　为饰板涂上水彩或水粉颜料。晾干颜料。

10　用莫德·波奇剪贴胶密封和保护作品。（图7）

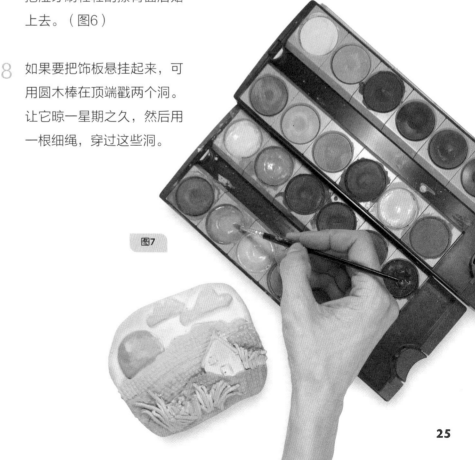

图7

实验课 4

纸杯蛋糕容器

谁说你不可能把黏土作业做得秀色可餐，令人垂涎呢？这些趣味纸杯蛋糕可不仅仅是为了点缀装饰。它们还是可以盛放你的小珍宝的容器。你在这节实验课中将会用到学习过的陶杯和盘绕状制作技巧。任何风干黏土都可以在这里找到用武之地。

工具和材料

风干黏土（我选用ACTIVA Plus品牌的自硬白色天然黏土）

圆木棒

水

牙刷

多种色彩的丙烯颜料

画笔

莫德·波奇剪贴胶

图1

图2

1 取一片大小如高尔夫球的黏土片，将其搓成圆球。

2 将圆球置于一只手的掌心。另一只手的拇指用力压入球体中心。拇指切不可顺势压穿黏土。（图1）

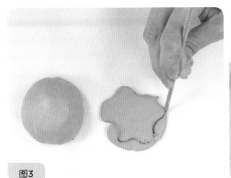

图3

图4

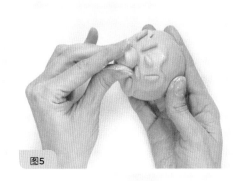

图5

图6

图7

3　现在有了陶杯的起点。然后请开始自始至终地绕着陶杯捏塑其外缘，直到它达到饼干厚度为止。这将是纸杯蛋糕的顶部。（图2）

4　将纸杯蛋糕顶部像圆屋顶似的竖立在工作台面上，为它做好装饰准备。制作糖霜，可用你的手指压扁一片大小如警车顶灯的黏土片。拿圆木棒用波纹线条划出糖霜的形状。用一把湿牙刷刮擦陶杯的顶部，添加糖霜。（图3和图4）

5　揉搓小片黏土片，制作糖屑。用一把湿牙刷将糖屑附贴到位。搓一个黏土小球，添加到顶部当作樱桃。（图5）

6　制作盘旋状糖霜，可搓一根细长条黏土，让其绕自身弯折，做成盘旋状。将盘旋状的起点贴到陶杯的顶端，然后用细长条的余下部分缠绕在陶杯的周围。（图6）

7　至于纸杯蛋糕的底部，可制作一个更小的陶杯，使杯形蛋糕的顶部正好能扣在上面。如果底部太宽，可按23页实验课2的步骤3操作使其变窄。用力将这个陶杯按压到桌面上，使其屹立不倒，用圆木棒划出线条，彰显杯形蛋糕衬里的纹理。（图7）

8　让杯形蛋糕的顶部和底部分别晾几天。

9　用丙烯颜料为杯形蛋糕和一切该装饰的地方上色。晾干颜料。用莫德·波奇剪贴胶密封作品。

成堆叠放的薄煎饼

高高堆叠的薄煎饼是一顿可口的美餐。有了风干黏土，你就能为客人端上这道想要堆得多高就有多高的美味，你想要添加多少糖浆、黄油和水果也可以如愿以偿。神来之笔在于这堆煎饼还可以用作超萌的容器盛放你的珍爱之物！在圆形基底的四周堆叠起一个个盘绕线圈，这个作品就算做成了。

工具和材料

风干黏土（我选用DAS品牌的风干塑形黏土）

牙刷

水

圆木棒

金褐色和其他颜色的颜料

画笔

莫德·波奇剪贴胶

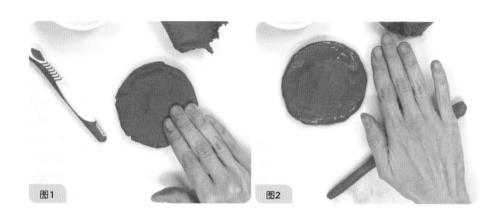

图1   图2

1 取一片大小如棒球的黏土。最初放在两手之间挤压，然后将其敲平，推展开黏土。它应当具有真实薄煎饼的尺寸、形状和厚度。（图1）

2 这将是薄煎饼的基础。制作堆叠状，可取一片大小如警车顶灯的新鲜黏土，将其搓成圆球。用两手将其搓得更长些。将它放在工作台面上，揉搓要从中间入手，向外直到末端，做成细长条。它应当像手指那么粗。（图2）

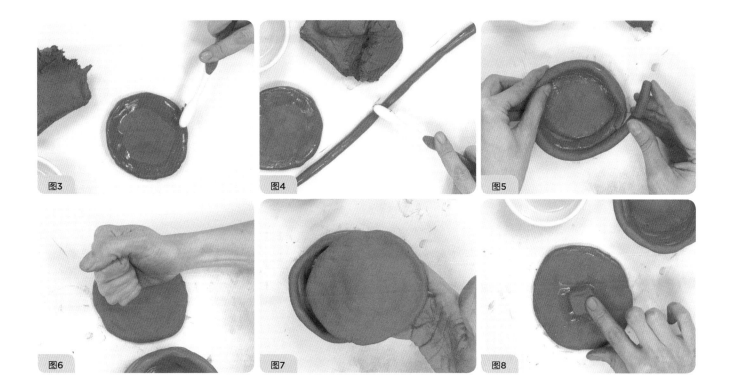

3　开始为薄煎饼添加侧面，利用牙刷和水，轻轻擦净基底外的边缘和沿细长条的一侧。细长条盘绕在基底边缘的周围，同时将擦过的湿表面压到一起。（图3和图4）

4　如果细长条的黏土出现裂缝，可轻轻让水渗入裂缝。如果它裂开的话，可互相搭接两端，将它们重新搓到一起。

5　继续搓出更多的细长条，添加到薄煎饼上，直到形成你想要的高度为止。（图5）

6　制作盖子，可重复步骤1。它应该比薄煎饼稍微宽一些。（图6和图7）

7　用圆木棒切出一小方块黏土。将它贴到盖子上面。用多余的黏土在手里捏塑成水果，把它们贴到薄煎饼堆上。（图8）

8　将盖子放在一个平扁面上干燥，不要放在薄煎饼堆上面。在上色之前，让薄煎饼堆晾一星期之久。

9　用金褐色为薄煎饼堆上色，晾干颜料。用莫德·波奇剪贴胶密封作品。

盘绕模压花盆

你在这节实验课中将学习如何用模压的方式来制作花盆。你家的周围有很多实物可以当作模型来使用。除了赤陶以外，它们都需要用塑料保鲜膜作为衬里，使黏土不至于粘住。黏土应当按压到模型内侧而不是外侧，因为黏土一旦干燥是会发生收缩的。你在实验课5中创作的盘绕作品将在这里再次得到应用。这一次，你将要学习通过盘绕形的弯折和塑造来创作耐人寻味的图案！

工具和材料

小型广口碗

塑料保鲜膜

风干黏土（我选用ACTIVA
Plus品牌的自硬白色天然黏土）

水

丙烯颜料

画笔

莫德·波奇剪贴胶

1 用塑料保鲜膜覆盖碗的内侧，以免黏土粘住。

2 取一片大小如乒乓球的黏土，将其搓成圆球。将黏土放在两手之间上下揉搓，直到它酷似热狗为止。将它放在工作台面上，用手指揉搓，将其拉长到像一条蛇。要从中间入手，向外直到末端。细长条应当像拇指那么粗。（图1）

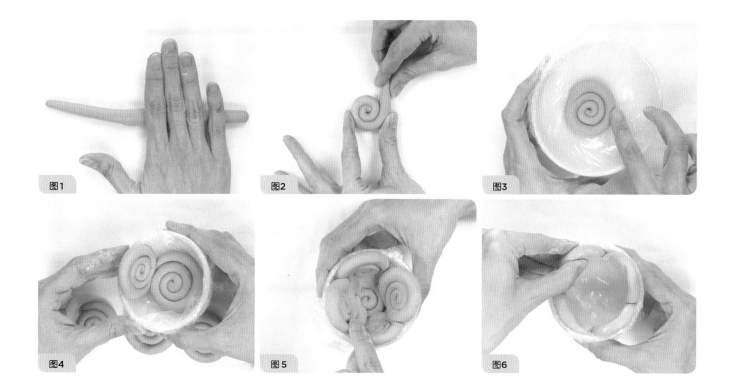

图1

图2

图3

图4

图5

图6

3 不时停下来检查一下细长条，它应当从头到尾始终保持相同的厚度。如果它折断了，也不用担心！只要互相搭接两端，继续搓就行了。

4 以工作台面作为支撑，开始将细长条盘绕成螺旋形。以线圈中心为起点，将细长条弯折成紧凑的C字形，然后一圈又一圈，使螺旋层面挤压到一起。（图2）

5 将盘绕线圈压到碗底。（图3）

6 按照步骤2至步骤4，再制作四个盘绕线圈。将它们添加到碗的内侧，一次添一个，从前一个盘绕线圈结束的地方开始，一直继续做到碗的侧面为止。（图4）

7 将盘绕线圈在碗内按压妥帖。用小片黏土填满所有间隙。（图5）

8 用沾湿的手指，抹平碗内黏土。（图6）

9 把它放在一边，让黏土晾几天。轻轻从模型中将碗取出。

10 用各种颜色为碗上色，晾干颜料。用莫德·波奇剪贴胶密封作品。

交织字母壁饰

你在实验课1中将黏土压入鞋底做出了超萌的纹理。让我们来探究一番将黏土压入带纹理的织物时会发生什么奇妙的事吧。这将为一件以你名字的首写字母做成的、引人注目的壁饰提供背景。我创作同类壁饰选用的是粗麻布、蕾丝和小餐巾。

工具和材料

带纹理的织物

风干黏土（我选用Crayola品牌的风干黏土）

擀面杖或广口瓶

大型饼干模

牙刷

圆木棒

水

颜料（我选用荧光蛋饼色）

画笔

莫德·波奇剪贴胶

细绳或缎带

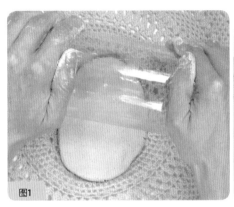

图1

图2

1 将带纹理的织物放在你的工作台面上。取一片大小如橙子的黏土。站起身来，用力将黏土压入织物。揉搓或敲打黏土，将它压扁，待黏土达到饼干厚度并保持平坦的时候停止。（图1）

2 轻轻从织物上剥离黏土，将它放到工作台面上，带纹理的一面朝上。选择饼干模，按压它穿过黏土。（图2）

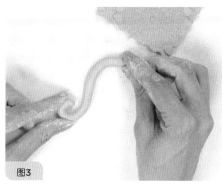

图3

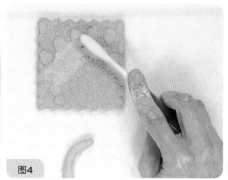

图4

图5

3　收集多余的黏土，用两手将它搓成圆球。然后放在工作台面上搓，直到变成细长条为止。

4　用细长条捏塑出姓名的首字母。将它放在一片用饼干模切下的黏土上。如果大小不合适，可将它搓成圆球再试一下。如果做字母有困难，可将它画在一张纸上。然后，拿着黏土紧随字母的形状，依样做出造型。（图3）

5　为使字母具有黏性，可以用一把湿牙刷轻轻刮擦饼干形状的表面。用力将字母按压到经过刮擦的表面上。（图4）

6　用圆木棒在饼干形状的顶端戳两个洞。（图5）

7　让壁饰晾约一星期。干透之后，为字母上色。作为最后一道趣味工序，掺水冲淡颜料。将一把大刷子浸入含水的颜料中，对着壁饰轻轻叩击刷子背面，营造颜料泼溅的效果。（图6）

8　晾干颜料，用莫德·波奇剪贴胶密封和涂饰作品。

9　将细绳或缎带穿入壁饰的洞。悬挂起来，好好欣赏一番吧！

图6

雕塑掉落的蛋卷筒

当你接过一个锥形蛋卷筒准备盛放自己最心爱的冰激凌时，什么是此刻可能发生的最糟糕的意外呢？那当然是你一失手，蛋卷筒掉落摔坏啦！这件超萌的作品就是对那种意外的生动诠释，但同时也是一个可收纳和秘藏各种小玩意的实用容器。这件作品真的犹如一份甜点。

1　可取一片大小如橙子的黏土，将其搓成圆球。

2　摊开一块粗麻布或带纹理的织物。将黏土圆球放在织物上碾平。

3　用擀面杖或广口瓶朝一个方向滚压，将它进一步压扁。翻转织物片，朝相反方向滚压，再次碾平黏土。待黏土达到饼干厚度时停止。（图1）

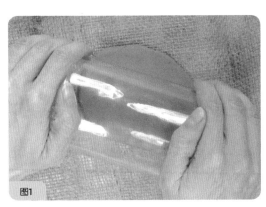

图1

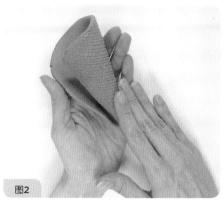

图2

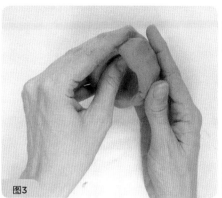

图3

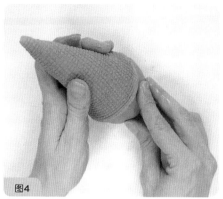

图4

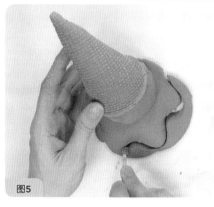

图5

4　小心地从织物上剥离黏土。

5　将黏土弯折成一端尖、一端宽的圆锥形。用水和牙刷，对接缝用滑移和勾划的方法。（图2）

6　将圆锥形朝上，确保它能竖立在工作台面上。将圆锥形放在一边。

7　制作冰激凌，可按照实验课2中制作陶杯的步骤1至步骤3（见22～23页）操作。（图3）

8　将陶杯倒过来。用一把湿牙刷擦净顶部。将圆锥形附着于陶杯的一侧。（图4）

9　制作冰激凌底座和顶部，可取一片大小如乒乓球的黏土。双手将其压扁，然后用擀面杖进一步碾平。

10　将颠倒的冰激凌放在工作台面上。用圆木棒划一条穿过扁平黏土片的波纹线，使其形同垫座。（图5）

11　用剩余的零碎黏土，为底座添加细节，例如糖屑和樱桃。

12　一旦完成，让它晾几天。底座和冰激凌蛋卷筒要分开晾干，以免粘在一起。

13　待各部分黏土晾干后，为它们涂饰各种颜色。晾干颜料。

14　用莫德·波奇剪贴胶密封和保护作品，将宝贝密藏在向上翻转的冰激凌蛋卷筒底下！

实验课 9

防蚀蜡树叶浅底盘

这节实验课是用风干黏土树叶来制作一个浅底盘。你将利用真实的树叶作为切割形状的依据。你还将把它们压入黏土以便捕捉叶脉的纹理。你将要试验的一种特殊黏土技术名叫"防蚀蜡"。制作这件作品可以选用任何风干黏土，虽然赤陶黏土可望为树叶平添一抹靓丽的秋色。

工具和材料

风干黏土

树叶（真实或人造的）

擀面杖或广口瓶

圆木棒

塑料保鲜膜

水

铅笔

水彩颜料

画笔

莫德·波奇剪贴胶

1 取一片大小如乒乓球的黏土。将黏土搓成细长条，长度约为3英寸（75厘米）。用双手将它压扁。

2 将树叶放到工作台面上，叶脉朝上。将压扁的黏土放到树叶上，用力加压。用擀面杖或广口瓶将黏土碾平。经碾压的黏土应当达到饼干厚度，这样它在晾干后不至于变脆。（图1）

3 翻转黏土——有树叶的一面朝上。用圆木棒在树叶边缘周围进行切割，完全压穿黏土。抓住梗，轻轻从黏土上剥离树叶，显露出叶脉的纹理。重复步骤1至步骤3，制作三片树叶。（图2）

提示：

为了取得最佳切割效果，圆木棒应保持垂直状态，确保它一路切到底，直抵工作台面。

图1　图2　图3

4　为浅底盘覆盖上塑料保鲜膜。（这将是你的作品所用的模型。塑料保鲜膜有助于防止黏土树叶沾到浅底盘上。）用滑移和勾划的方法，将黏土树叶摊放到浅底盘上。（图3）

5　用力将树叶压到覆盖塑料保鲜膜的浅底盘上。

6　让树叶晾两三天。待黏土摸上去不再冷而且色彩变淡时，说明它已经晾干了。

7　从浅底盘中拿出黏土。

8　用蜡笔为树叶上色，然后为它们涂饰水彩颜料，蜡笔中的蜡有助于抵抗水彩颜料，防蚀蜡由此得名。（图4和图5）

9　待颜料晾干后，用莫德·波奇剪贴胶密封和保护作品。

图5

图4

线浮雕铅笔筒

你在之前的黏土实验课中使用了很多现有纹理。这次，你将要为这个铅笔筒制作属于你自己的凸纹图案。艺术作品中的凸纹图案被称为浮雕。制作这件作品需要配备一个聚苯乙烯泡沫塑料托盘。如果你用的托盘曾经盛放过肉类或者其他食品，那么先把它放在肥皂热水中清洗一下。

工具和材料

墨水钢笔

聚苯乙烯泡沫塑料托盘

黄油刀

风干黏土

擀面杖或广口瓶

玉米淀粉（如果需要的话）

直尺

圆木棒

水

牙刷（任选）

水彩或金属丙烯颜料

画笔

透明清漆

油漆刷

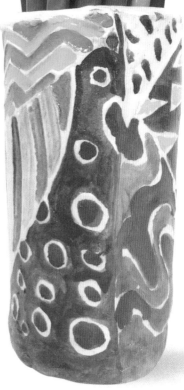

1 我喜爱这件作品的部分原因在于它的图案。我在这里画了几根不同的线条。用这些线条来创建充满图案的形状。

2 用钢笔在聚苯乙烯泡沫塑料托盘上画出图案。将线条至少检查两遍。将钢笔按下去，确定线条是凹陷的，但没有穿透聚苯乙烯泡沫塑料。（图1）

3 用黄油刀切一块2英寸（5厘米）的黏土。用力将黏土压到盘子图案上。

4 用擀面杖将黏土擀到饼干厚度。在碾出盘子长度后转动一下盘子，朝其他方向碾压黏土，以便用黏土覆盖整个盘子。（图2）

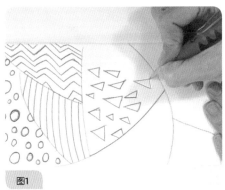

图1

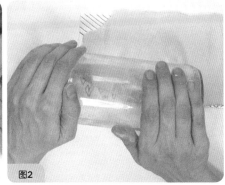

图2

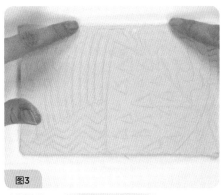

图3

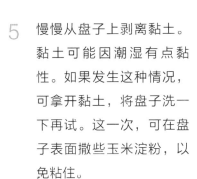

图4

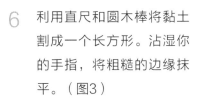

图5

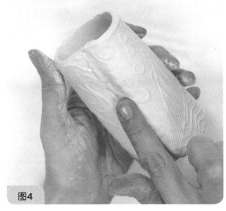

图6

5 慢慢从盘子上剥离黏土。黏土可能因潮湿有点黏性。如果发生这种情况，可拿开黏土，将盘子洗一下再试。这一次，可在盘子表面撒些玉米淀粉，以免粘住。

6 利用直尺和圆木棒将黏土割成一个长方形。沾湿你的手指，将粗糙的边缘抹平。（图3）

7 用牙刷或圆木棒对长方形的一条边缘用滑移和勾划的方法（关于滑移和勾划的方法，见11页）。抹平黏土边缘。（图4）

8 制作铅笔筒基底，可取一片大小如高尔夫球的黏土。压扁黏土，直到它同圆筒底部具有相同尺寸为止，对底部边缘用滑移和勾划的方法，将它连接到圆筒上。（图5）

9 让杯子晾几天。

10 用水彩或金属丙烯颜料对它进行装饰。晾干颜料。用透明清漆密封和保护作品。（图6）

汉堡包容器

这个汉堡包看上去美味可口，但是在里面隐藏着两个秘密的夹层。把你的小宝藏收纳到汉堡包的小圆面包底下吧。你在这节实验课中将要运用捏塑陶盆、黏土块和盘绕线圈方面的知识。只是千万要小心了，别让什么人不经意间偷吃了你雕塑而成的美味！

工具和材料

风干黏土（我选用Crayola品牌的风干黏土）

圆木棒

牙刷

水

水粉或水彩颜料

画笔

莫德·波奇剪贴胶

图1

1 取一片大小如橙子的黏土。将其搓成圆球，做成陶盆。这将是汉堡包的底部小圆面包。（图1）

2 为了把陶盆做得像小圆面包那样浅，可以将它翻转过来，在工作台面上轻轻敲击。

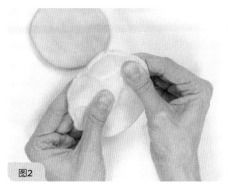

图2

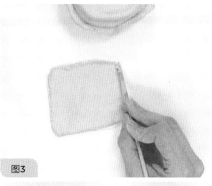

图3

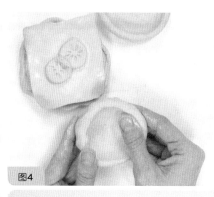

图4

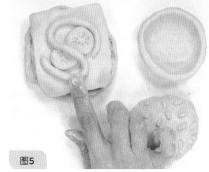

图5

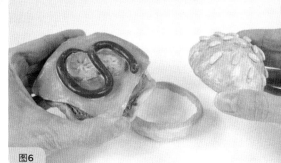

图6

3 取一片大小如乒乓球的黏土，做成夹馅、奶酪、番茄片和生菜。将这些黏土片搓成圆球，压扁放到工作台面上。（图2）

4 制作汉堡包，可让黏土保持厚度。制作生菜，可将它敲薄并捏其边缘，赋予它皱缩的外观。用圆木棒将奶酪片切成正方形。（图3）

5 用牙刷和少许水，揉擦生菜顶面和夹馅面包底面，将它们按压到一起。对夹馅顶面和番茄底面进行同样的操作。对番茄顶面和奶酪底面也重复这一操作。

6 用小圆黏土制作泡菜，将它们贴到奶酪部位上方。

7 制作顶部小圆面包，可重复步骤1和步骤2。将细碎的黏土贴到小圆面包顶部，用来当作芝麻籽。（图4）

8 将黏土搓成一细长条，仿佛是喷射上去的番茄酱。如步骤6所示，将它贴到奶酪部位上方。（图5）

9 让两个小圆面包和成堆夹馅分别晾一星期之久。

10 用水粉或水彩颜料为夹馅和小圆面包上色。晾干颜料。用莫德·波奇剪贴胶密封和保护作品。（图6）

黏土雕塑

现在你已经学会制作黏土圆球、经揉搓和盘绕的细长条黏土以及块状或压扁的黏土片了。你还知道用滑移和勾划的方法来附贴黏土片，就是简单地用一把湿牙刷或圆木棒来刷擦黏土。你在后面的实验课中会看到，你能想象出来的任何题材都可以用球形、盘绕和块状黏土去创作。通过探索各种能添加到黏土创作成果上的纹理，进一步拓宽你的知识面吧。

实验课
12

黏土盾形纹章

盾形纹章是一种由代表个人身份的象征符号所构成的私人徽标。中世纪，骑士将盾形纹章佩戴在自己的手臂上。如此一来，即使骑士全身披挂盔甲出现在战场上，也照样能让人从其佩戴的盾形纹章上把他辨认出来。想一想你会选择什么特殊物品来体现你独一无二的人格魅力。然后，用黏土制作你自己的盾形纹章的象征符号吧！

工具和材料

牙线

风干黏土（我选用Amaco Marblex品牌）

圆木棒

牙刷

水

揉皱的报纸

金属丙烯颜料

莫德·波奇剪贴胶

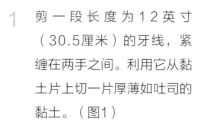

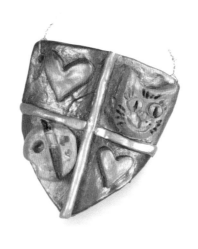

1 剪一段长度为12英寸（30.5厘米）的牙线，紧缠在两手之间。利用它从黏土片上切一片厚薄如吐司的黏土。（图1）

2 敲打黏土，直到它达到饼干厚度而且保持均匀为止。

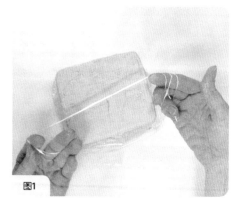

图1

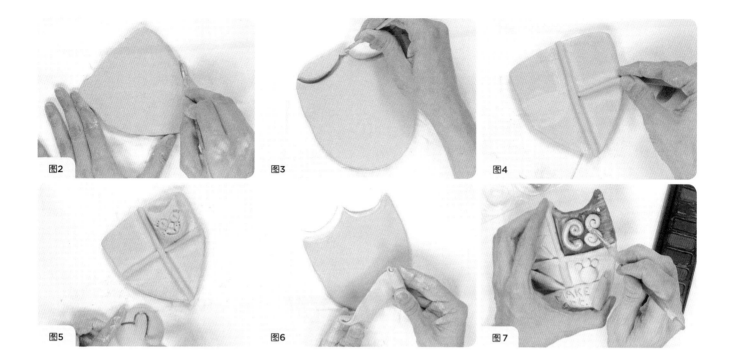

图2

图3

图4

图5

图6

图7

3　用圆木棒从黏土上划出一个盾形。先划一个宽大的全角字形，用来当作盾的底部。顶部可以是一条直线或者两条在当中相遇的曲线（图2和图3）。

4　从黏土片中捏取两片，分别搓成细长条。用这些细长条将盾划分成四个截面。用牙刷将黏土细长条附贴到位。（图4）

5　现在该添加特殊符号了。制作星星和心的形状，可敲扁黏土片，将它光滑的一面朝上翻过来，用圆木棒划出形状。将这些形状贴到盾上面。（图5）

6　制作动物，可见68页实验课21；制作字母，可见32页实验课7。

7　制作卷轴，可将黏土敲打成长而薄的矩形。将矩形两端朝里揉搓，就像卷轴一样。将卷轴贴到盾上面。用圆木棒在卷轴上写字。（图6）

8　弄皱一张报纸，将盾披挂其上。这样将使它在晾干时具有三维立体的形象。

9　如果你打算将盾悬挂起来，可用圆木棒在顶部近旁戳两个洞。让盾晾干一星期或者更长时间。

10　为了赋予盾以金属外观，可用金属丙烯颜料为它上色。首先为背景上色，然后为细节上色。晾干颜料。用莫德·波奇剪贴胶层密封和保护作品。（图7）

馅饼派

　　"错视画法"在法语中的意思是"蒙骗眼睛"。在艺术领域里，那意味着一位艺术家已创作出某种栩栩如生到令你受骗上当、信以为真的物像。试试你的身手，创作一个趣味馅饼：看上去跟切片的比萨饼、馅饼或者蛋糕一模一样的楔形带盖盒子！

工具和材料

风干黏土（我选用Crayola品牌的风干黏土）

擀面杖或广口瓶

圆木棒

牙刷

水

压蒜器

水粉或丙烯颜料

莫德·波奇剪贴胶

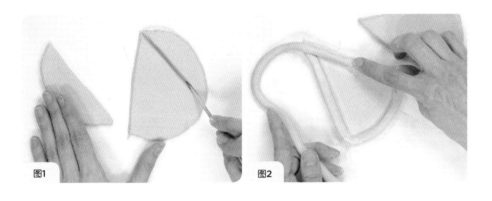

图1 图2

1　取一片大小如橙子的黏土。用两手将其挤压扁，直到它达到饼干厚度为止。

2　轻轻用圆木棒在黏土上划两根对角线，就像大写字母A，形状应当酷似一个底部呈曲线状的三角形。用圆木棒划出形状。（图1）

图3

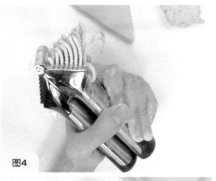

图4

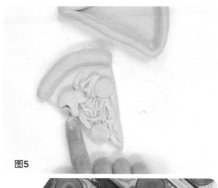

图5

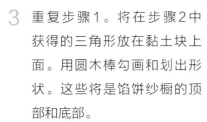

图6

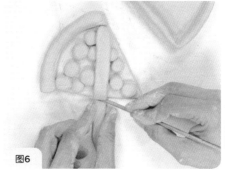

图7

3　重复步骤1。将在步骤2中获得的三角形放在黏土块上面。用圆木棒勾画和划出形状。这些将是馅饼纱橱的顶部和底部。

4　将细长条的黏土搓得像手指一样粗。利用细长条在底部三角形上构筑容器的侧面。用一把湿牙刷擦净三角形的边缘并贴附每一层。（图2）

5　继续加层，在此过程中互相搭接各个末端，直到侧面达到所需要的高度和保持齐平为止。

6　用其他三角形制作盖子。制作比萨或馅饼切片，可沿着三角形偏短的边缘添加黏土外边，以此作为馅饼皮。（图3）

7　制作比萨切片，可将黏土放在压蒜器里挤压，以此做成奶酪。用牙刷擦净三角形表面，轻轻将黏土奶酪按压到上面。（图4和图5）

8　用多余的黏土和圆木棒切割和添加装饰配料，例如意大利香肠、蘑菇和胡椒。用一把湿牙刷擦净每种配料的背面，轻轻贴到比萨的顶部。

9　制作水果派的馅料，可制作几个经过揉搓的黏土圆球。制作蛋糕糖霜，方法可见27页。（图6）

10　让顶部和底部晾干一星期或者更长时间。

11　用水粉或丙烯等不透明的颜料，为网状馅饼上色。待晾干后，用莫德·波奇剪贴胶涂饰和密封作品。（图7）

埃及石棺

你在参观博物馆的时候可曾驻足审视过木乃伊？古埃及法老和女王被埋葬在一种造型美观、名叫石棺的入殓匣子内。这些匣子常被涂饰得貌似里面的法老和女王。你在这节实验课中将利用一种名叫CelluClay品牌的纸质黏土来创作一副石棺和木乃伊！

工具和材料

CelluClay品牌的纸质黏土

大碗

量杯

一杯（235毫升）温水

两个塑料香蕉船容器

金黄色丙烯颜料

黑色丙烯颜料

画笔

1 从黏土片上扯四分之一的CelluClay纸浆，将它放到一个大碗里。用手指轻轻将其弄碎，直到看上去如同撕碎的纸片。

2 往碗里倒一杯（235毫升）温水。揉捏湿的纸浆，直到它具有黏土纹理为止。不要留下纸浆干燥的碎片。如果水分过多，可揉入一点黏土。（图1）

图1

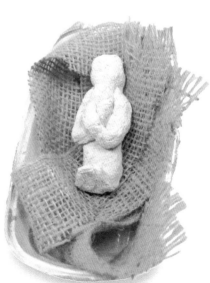

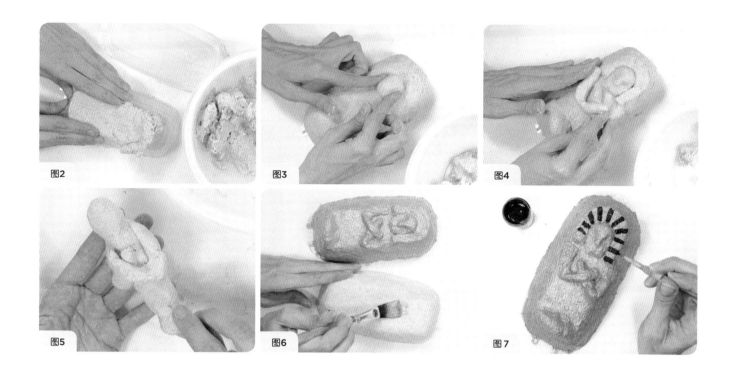

图2

图3

图4

图5

图6

图7

3 取几团黏土，按压到容器的外侧。互相搭接黏土碎片，将两个容器完全覆盖住。一个将是石棺的顶部，另一个充当底部。（图2）

4 制作石棺顶部的头部，取一片大小如警车顶灯的黏土。将它放在比石棺顶部稍低的部位。拇指压入头形，以便制作眼窝。（图3）

5 制作头饰，可搓成细长条的黏土，将它披在头部。

6 制作手臂，可另外搓两片黏土，比第一个稍微粗些。将它们放在头部底下，经折叠交叉在胸前。（图4）

7 在石棺底部添加一块黏土，用来当作脚。

8 制作放入石棺的木乃伊，可揉搓一片如热狗厚薄的黏土。将底部弯折做成脚，做法可参照步骤6。（图5）

9 将石棺和木乃伊放在一边。

10 用金黄色丙烯颜料为石棺上色，并晾干。拿小画笔用黑色丙烯颜料添加细节、象形文字和图案。（图6和图7）

森林朋友的魔法门

你相信世界上有魔法吗？有人说，魔法只有在受到我们邀请的时候才会进入我们的生活。那么，除了创作一扇森林朋友的魔法门之外，还有什么更好的办法邀请它进来呢？把你做成的门放到卧室隔壁，紧挨着饼干罐，或者放到通往阁楼的楼梯上——你永远不会知道有谁打开小门，向外迈出一步。你在这节实验课中将运用先前学习的技巧来促使魔法发生！

工具和材料

风干黏土

带纹理的织物，例如粗麻布、蕾丝或小餐巾

擀面杖或广口瓶

圆木棒

牙刷

水

水彩或水粉颜料

画笔

莫德·波奇剪贴胶

1　制作门的基本形状。折断一片大小如棒球的风干黏土。用双手压扁黏土，将它放在一块带纹理的织物上。

2　用擀面杖或广口瓶滚压黏土，做成达到饼干厚度的长方形。仔细从黏土上剥离带纹理的织物。（图1）

3　将黏土底部边缘揉得朝上翻起，做成门前台阶。如果黏土干燥或者开始裂开，可用手指沾一些水揉入其中，缓解干燥状态。

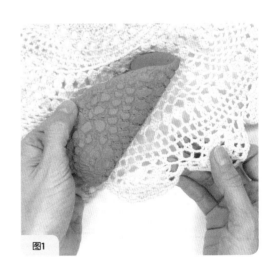

图1

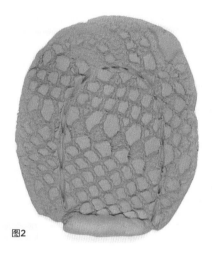

图2

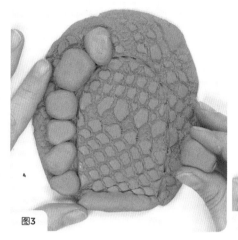

图3

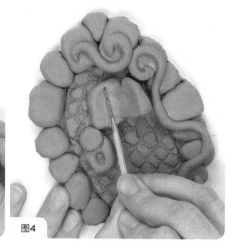

图4

4　轻轻用圆木棒勾划一个颠倒的全角字形，用来当作门。（图2）

5　搓一个黏土小球，轻轻用手指将其压扁。用一把湿牙刷将它们贴到门的四周。

6　想一想可以为门添加的细节。让小小的厚片变成窗户，球形变成门钮或者细长条变成攀缘而上的长青藤。（图4）

7　将完成的门放在一边，晾几天。可以把它放到弄皱的手巾纸或泡沫材料上，这样底下有空气流通，可帮助它晾干。

8　用水彩或水粉颜料为它上色。尝试在深色上面涂浅色或是在浅色上面涂深色，以期达到不同的效果。晾干颜料。用莫德·波奇剪贴胶密封和保护作品。（图5）

图5

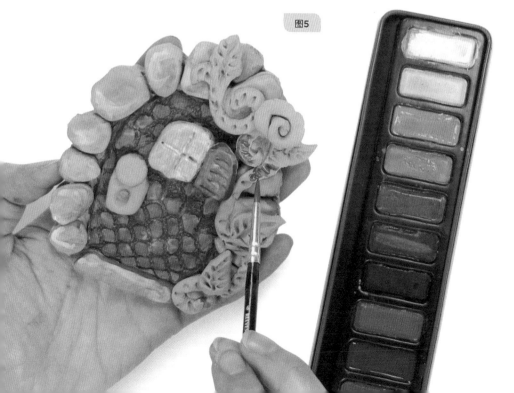

迷你型仙人掌花园

这是一个不需要阳光或水的花园，就看你有没有创意的玩法！你在这节实验课中将创作自己的盆栽仙人掌。你的每种植物都有一个用块状黏土制作的小花盆。在为你的仙人掌花园探索不同的纹理、形状和尺寸中找到乐趣吧！

工具和材料

风干黏土（我选用赤陶彩色黏土）

带纹理的织物，例如蕾丝或粗麻布

擀面杖或广口瓶

水

圆木棒

牙刷

深浅不一的绿色丙烯颜料

画笔

莫德·波奇剪贴胶

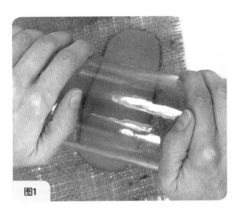

图1

1 取一片大小如乒乓球的风干黏土。将它压扁，放到带纹理的织物上，用擀面杖滚压。板状黏土应当达到饼干厚度。（图1）

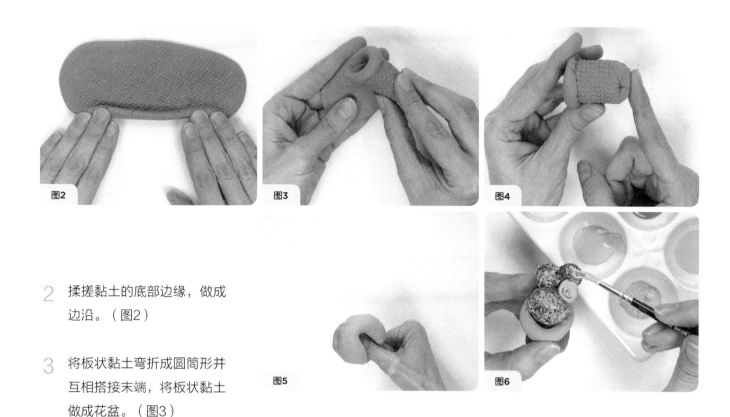

图2

图3

图4

图5

图6

2　揉搓黏土的底部边缘，做成边沿。（图2）

3　将板状黏土弯折成圆筒形并互相搭接末端，将板状黏土做成花盆。（图3）

4　揉捏圆筒形的底部将其封闭。轻轻在桌子上敲打它，压扁底部。（图4）

5　将黏土球放到花盆内侧，充当植物的泥土。

6　查阅仙人掌的在线图片。有些如同压扁的圆圈，有些酷似拼接在一起的三角形。将黏土片按压达到饼干厚度，用圆木棒划出你想要的形状。

7　用圆木棒在背面戳出凹痕，对植物进行美化。将它们添加到花盆上，晾两三天。（图5）

8　待仙人掌花园晾干后，用深浅不一的绿色为它上色。用莫德·波奇剪贴胶密封作品。（图6）

花园小矮人之家

小矮人是传说中守卫地球宝藏的形体如侏儒，但本领超高强的精灵。这节实验课允许你在创作别具一格和带有纹理的迷你型住所的同时充分发挥你的想象力。

工具和材料

黄油刀

风干黏土（我选用赤陶彩色黏土）

带纹理的织物，例如粗麻布、蕾丝、小餐巾或旧针织套衫

擀面杖或广口瓶

圆木棒

牙刷

水

水彩、水粉或丙烯颜料（我选用水彩颜料）

画笔

1　用黄油刀取两片1英寸（2.5厘米）的黏土。

2　摊开带纹理的织物。将黏土放到织物上面，用力往下按压。用擀面杖将黏土碾平达到饼干厚度。（图1）

3　从织物上剥离黏土，放在一边。对第二片重复步骤1和步骤2。

4　制作房子的屋顶。取步骤2中形成的其中一片黏土，将它折成圆锥形，顶端狭窄，底部宽大，外侧带有纹理。将它放在一边。（图2）

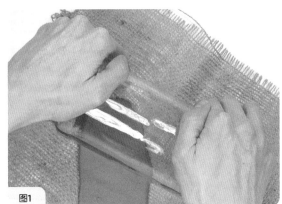

图1

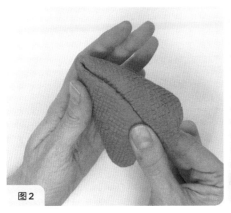
图2

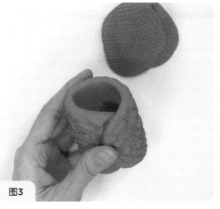
图3

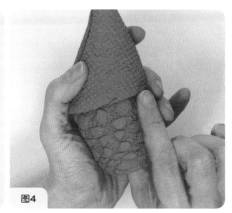
图4

5 现在取步骤2中获得的其他黏土片，将它弯折成圆筒形。顶部和底部应当尺寸相同，外侧带有纹理。这将是房子的底部。（图3）

6 轻轻将圆锥形屋顶放到房子上。如果尺寸不匹配，只要重塑圆筒形使其变窄就行了。用牙刷和水将屋顶贴到房子部位。用手指抹平，将两片贴在一起。

7 现在运用你的想象力来美化小矮人之家！你会做什么样的门呢？做一扇带花盒子的窗户怎么样？利用圆木棒，将门或窗户的轮廓刻入黏土。用另一片黏土，添加烟囱。让小矮人之家在安全的地方晾干几天。

8 用水彩、水粉或丙烯颜料为小矮人之家上色。我喜欢分层次涂抹不同的颜色，使纹理显得更加清晰。晾干颜料。用莫德·波奇剪贴胶密封和保护作品。（图5）

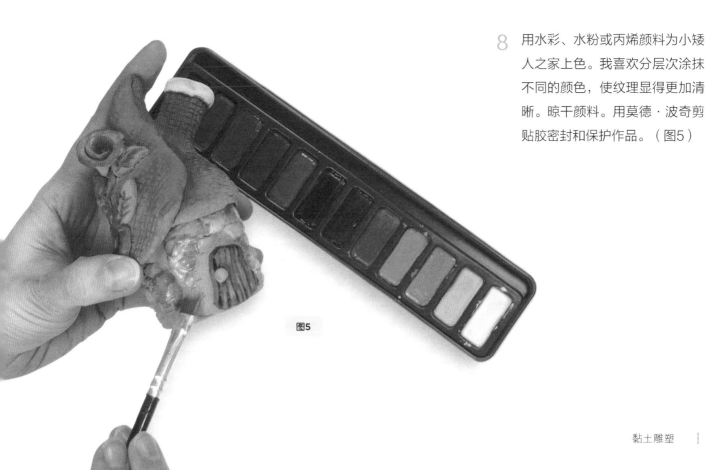
图5

摇头娃娃宠物

创作摇头娃娃宠物，需要你运用前面实验课中学习过的捏塑和制作纹理的技巧。你能够想象出来的任何摇头娃娃宠物，从一对甜蜜的猫头鹰——就像我在这里创作的那样——到怪兽或飞龙，你都能够用学过的技巧把它们创作出来。

摇头娃娃的身躯制作

身躯做成圆筒形，带有一个尖顶，用来支撑摇晃的脑袋。

工具和材料

黄油刀

风干黏土

带纹理的织物，例如粗麻布

擀面杖或广口瓶

直尺

圆木棒

牙刷

水

水彩、水粉或丙烯颜料
（我选用水彩颜料）

画笔

莫德·波奇剪贴胶

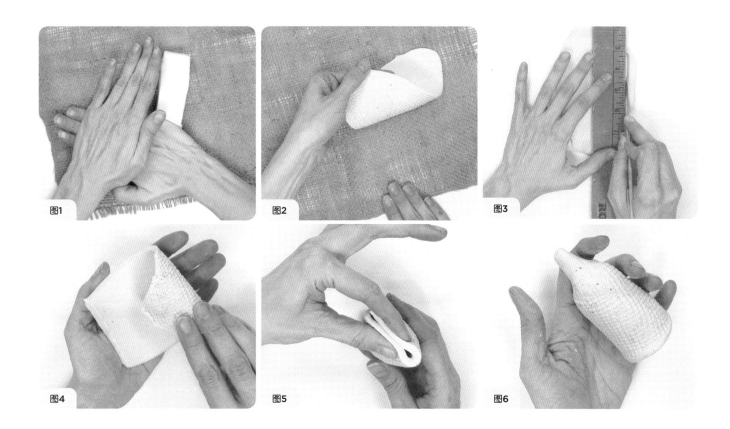

1　从黏土砖偏短的一侧切取大约2英寸（5厘米）的黏土。将它平摊在一块带纹理的织物上，往下按压将其压扁。（图1）

2　用擀面杖将黏土擀得更扁平一些。上下并排地擀，直到它达到饼干厚度。

3　从织物上剥离黏土。将纹理一面朝上，平摊在你的工作台面上。（图2）

4　用直尺和圆木棒测量，将黏土切成约为4英寸×7英寸（10厘米×18厘米）的长方形。（图3）

5　拿起黏土将其弯折成圆筒形，同时互相搭接短的一端。利用圆木棒对黏土用滑移和勾划的方法，以便妥帖地固定接缝。（图4）

6　围绕圆筒形的顶部边缘进行捏塑，开始制作其尖端的造型。继续捏到尖端长度约为$1/2$英寸（1.25厘米）为止，厚度约相当于不加帽的记号笔。如果太薄，它会在干燥时断裂。（图5和6）

摇头娃娃的头部制作

1 搓一个大小如高尔夫球的黏土圆球。

2 制作一个如22～23页实验课2所示的陶杯。将圆球置于手掌心，窝起手指托住它。用另一只手的拇指深深压入圆球。（图7）

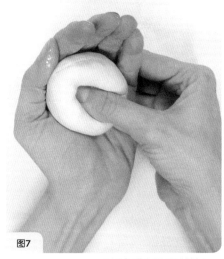

图7

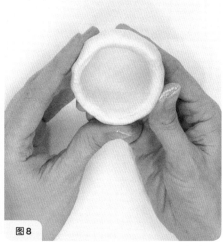

图8

3 将凹陷面朝上，把圆球固定在工作台表面。用手指做成空心头部，同时将黏土四周一律捏至饼干厚度。（图8）

4 将头部翻过来，放置到身躯底座上面，确保它正好适合。拿开头部，放在工作台面上。

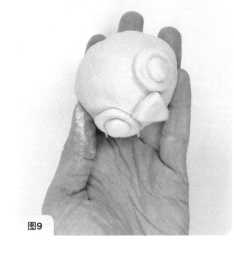

图9

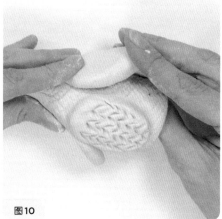

图10

5 现在制作摇头娃娃宠物的脸。用多余的黏土，将圆球搓成眼睛，划出一个三角形做成鼻子，并用圆木棒添加纹理。用滑移和勾划的方法（第11页），通过湿牙刷或圆木棒附贴各个片段。（图9）

6 为摇头娃娃宠物的身体添加细节。用额外的黏土制作翅膀、两腿和腹部。可能性是无穷尽的！（图10和图11）

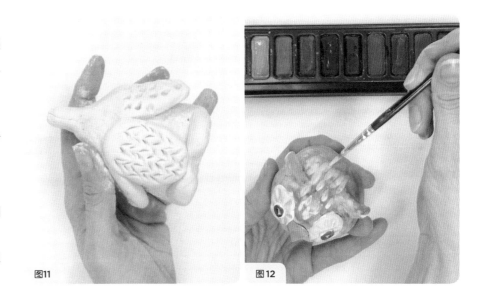

图11

图12

7 让摇头娃娃宠物晾两三天。当摸上去不感到冷的时候，说明它已经晾干了。

8 用水彩、水粉或丙烯颜料为创作成果上色。晾干颜料。用莫德·波奇剪贴胶密封和保护作品。（图12和图13）

图13

实验课 19

山上的城堡

很久以前，城堡或者甚至整个城镇连同环绕四周的护城河都是建造在山上的。护城河是环绕平地流淌的水域。建造护城河的目的是为生活在城堡内的人提供保护。你在这节实验课中可以创作自己非常具个性的山巅城堡，包括一条环绕而行的护城河。

工具和材料

牙线

风干黏土（我选用Amaco Marblex品牌）

带纹理的织物

擀面杖或广口瓶

报纸

压蒜器

牙刷

水

直尺

圆木棒

水彩或水粉颜料

画笔

莫德·波奇剪贴胶

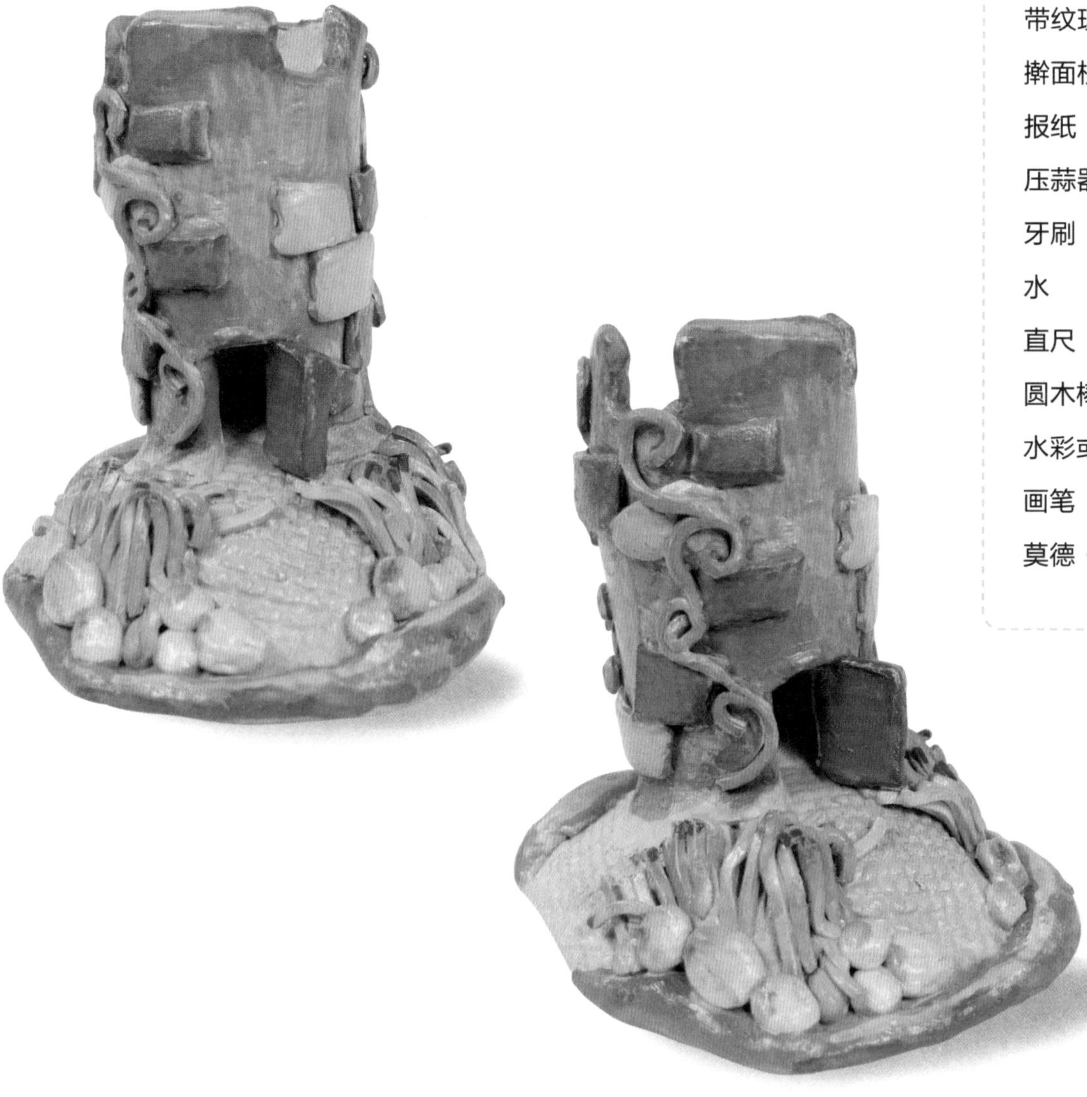

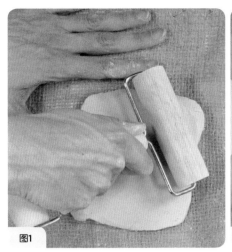

图1

图2

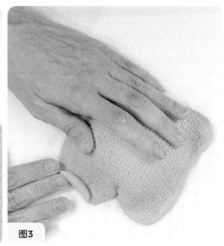

图3

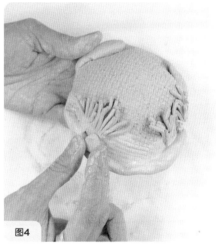

图4

1 剪一段长度为12英寸（30.5厘米）的牙线，紧缠于两手之间。利用它从黏土砖上切一片厚薄如吐司的黏土。

2 在你的工作台面上平摊开一块带纹理的织物。将黏土片放在上面，将其揉搓或敲打成齐平的饼干厚度。从织物上剥离黏土片，带纹理的一面朝上，放到你的工作台面上。（图1）

3 弄皱一张报纸，使其形成大小如橙子的圆球。将它按压到工作台面上，压扁其一侧。让黏土片搭在报纸上，带纹理的一面朝上，使其形成一座山。（图2）

4 将黏土边缘朝山的方向卷起，做成一条护城河。（图3）

5 将一些小的黏土片放到压蒜器里挤压，制作护城河岸边的青草。用一把湿牙刷擦净护城河岸，贴上青草和岩石。（图4）

6 制作城堡，可压扁另一片黏土，使其达到饼干厚度。用直尺和圆木棒进行测量，并将黏土切成长方形。我的这个长方形，尺寸为3$\frac{1}{2}$英寸×7英寸（9厘米×18厘米）。

7 朝里弯折长方形短的一侧。为了便于附贴，可先用一把湿牙刷擦净边缘。互相搭接两片黏土，并用手指和水将其抹平。（图5）

8 用圆木棒划出小的长方形，制作位于圆筒形顶端的城堡塔楼。重新使用小的三角形，将其贴到圆筒形的侧面，看上去像建筑石材。（图6和7）

9 制作门，可用圆木棒在圆筒形底部划出一个颠倒的L字形。往外轻轻拉一下L，门就打开了。（图8）

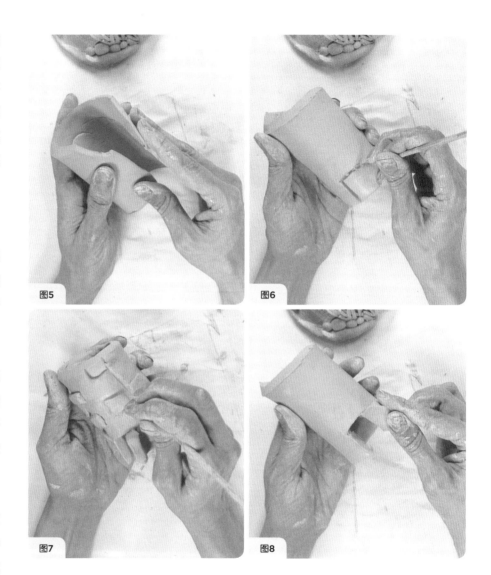

图5

图6

图7

图8

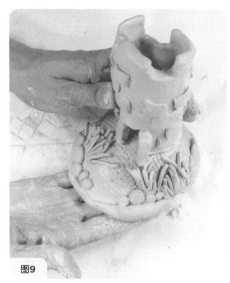
图9

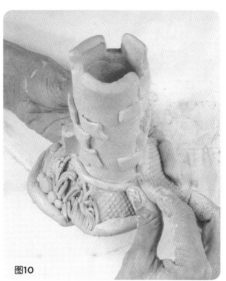
图10

10 用少许的水，将城堡贴到山顶上。为了牢固起见，搓一细长条黏土环绕基底周围。用一把湿牙刷擦净城堡和山的表面，附贴细长条。（图9和10）

11 用零星的黏土，做成常青藤和更多的石块，进一步美化城堡。让它晾一星期。

12 用水彩或水粉颜料为城堡、山和护城河上色。晾干颜料。用莫德·波奇剪贴胶涂布作品。（图11）

图11

蜡笔和铅笔雕塑

想象你拥有一支巨大的粉笔和铅笔的情景吧。那会是多么有趣呀！很多艺术家在从事艺术创作时都是从司空见惯的实物中汲取灵感的，这种形式的艺术被称为"波普艺术"。"波普"一词源自"流行文化"或者日常生活中环绕我们周围的小玩意。铅笔和蜡笔是日常生活的一部分，所以为何不把它们当作大型波普艺术雕塑的题材来运用呢？

工具和材料

4英寸×7英寸（10厘米×18厘米）的麦片盒薄硬纸板

遮蔽胶带

剪刀

空的纸巾卷

CelluClay品牌的黏土

温水

大碗

蜡纸（任选）

铅笔

丙烯颜料

画笔

莫德·波奇剪贴胶

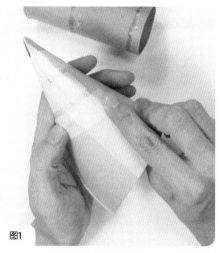

图1

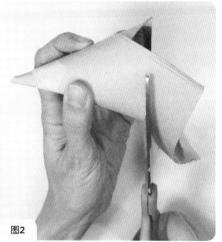

图2

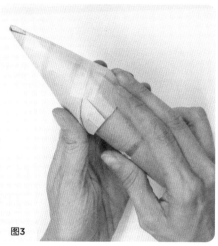

图3

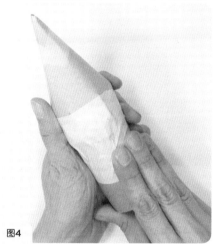

图4

1　将硬纸板弯折成圆锥形，做成蜡笔或铅笔的笔尖。将右上角拉向硬纸板的中心。最宽的部分应相当于纸巾卷的宽度。用胶带将硬纸板固定，以保持形态。（图1）

2　圆锥形底部是参差不齐的。用剪刀修整它，使边缘保持平。（图2）

3　围绕圆锥形的底部，每隔大约$\frac{1}{2}$英寸（1.3厘米）做一切口，正好套入纸巾卷的空隙。（图3）

4　用胶带将圆锥形固定在纸巾卷上。还要将大块胶带固定住纸巾卷对面的相反一侧，将其隔绝。（图4）

5　遵照制造厂商的用法说明，将一团CelluClay黏土放入碗内同水混合。你需要一个大小如棒球的黏土球。CelluClay黏土非常容易扬尘，最好是放在厨房里或者拿到户外混合。

6 在两手之间压扁黏土小球。将它们平摊到雕塑上。在添加更多时，稍许互相搭接附加的黏土片，一直继续到整个雕塑被覆盖为止。（图5和6）

7 遇到阳光充足的日子，可将雕塑置于一张蜡纸上放到户外。或者，让它在室内晾一星期。

8 如果你要做铅笔的话，可画一根环绕尖端的线条，以此代表铅笔芯。画一根环绕尖头与纸巾卷相遇部位的线条，以示铅笔的木质部分。画追加的线条，以示金属铝套和铅笔末端的橡皮。用适当的颜色，为不同的截面上色，晾干颜料。（图7~9）

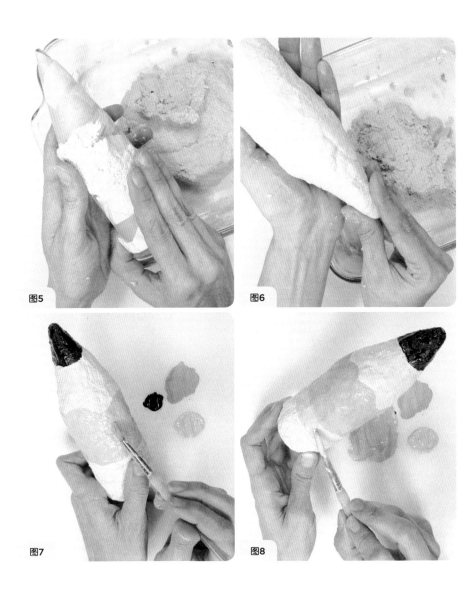

图5

图6

图7

图8

图9

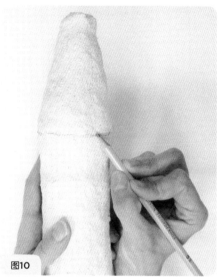

图10

图11

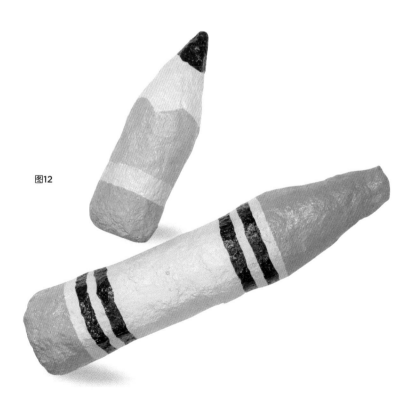

图12

9　如果你要做蜡笔的话，可在顶端圆锥形与纸巾卷相遇部位画一根线条。这将是蜡笔包装纸的起点。再画一根环绕蜡笔相反一侧的线条，以示纸包装在哪里结束。为蜡笔涂饰你选择的颜色，晾干颜料。（图10和11）

10　用莫德·波奇剪贴胶涂布作品，以稍许增强其光泽度。（图12）

林地生物肖像

我的住处离森林不远，与我们一起分享后院的是为数众多的林地精灵。晨曦初露，小白兔跳跳蹦蹦地从那里穿过，一路搜寻完好无损的草叶。烈日当空，松鼠和金花鼠照例会光顾我们的喂鸟器。夜幕降临，小鹿喜爱待在树下休憩，不时还有浣熊把我们的垃圾桶撞倒。能与所有这些宛若身披毛皮大衣的生物为邻真是其乐无穷。它们是孕育林地生物肖像的灵感，也是你将用塑形黏土进行创作的题材。

工具和材料

风干黏土（我选用Plus品牌的塑形黏土）

水

圆木棒

硬纸板

剪刀

金黄色和褐色丙烯颜料

画笔

水彩颜料

莫德·波奇剪贴胶

胶水

1　取一片大小如乒乓球的黏土，将其搓成圆球。用手指捏塑黏土，制作动物的鼻口部——即它的鼻子。狐狸或小鹿的鼻口部很长。小白兔或松鼠的鼻口部很短。（图1）

2　用两手的拇指压入黏土，做成眼窝。（图2）

3　通过拉扯黏土，制作动物的耳朵。耳朵可以长，也可以短，视具体的动物而定。它们可以始于头部顶端或侧面。如果黏土开始干掉和开裂，可以给黏土加点水。（图3）

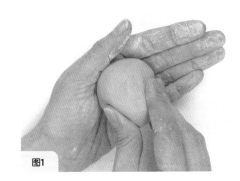

图1

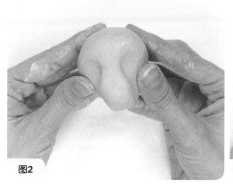
图2

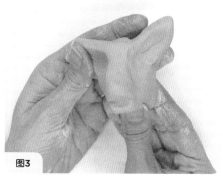
图3

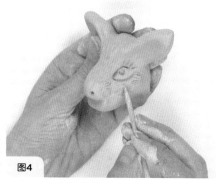
图4

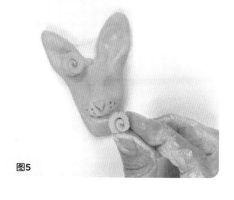
图5

4 将圆木棒横向端平，用其尖头打通，用来当作动物嘴巴。

5 现在用圆木棒的尖头划出动物头部的皮毛。戳几个洞，用来当作鼻孔和胡须。然后，轻轻勾画眼睛和其他细节。（图4）

6 为了凸显生物特有的个性，可添加一个蝴蝶结，也可用花或树叶装饰其头部。如果制作小鹿的话，可在头部顶端戳两三个洞，以便可以添加树枝作为鹿角。之后将这些动物动物肖像放在一边晾几天。（图5）

7 晾干黏土时，从硬纸板中剪出造型，用作嘴巴。用金黄色和褐色丙烯颜料为嘴巴上色，以便制作人工森林背景。晾干颜料。

8 用不同层次的水彩涂饰动物，形成毛皮纹理的外观。晾干颜料。（图6）

9 用莫德·波奇剪贴胶涂饰作品。一旦作品干了，就将动物肖像固定到人工林地基底上，陈列出来！

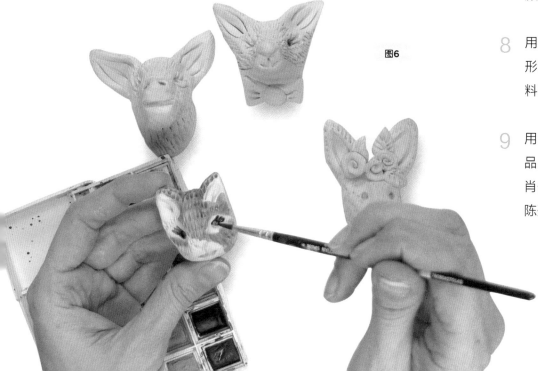
图6

北欧海盗船

北欧海盗在扬帆起航时所搭乘的，是一种名叫"狭长快速战船"的木船，船前和船尾常常饰有龙头与龙尾。北欧海盗之所以沿着船舷外侧布置他们的盾牌，既是为了寻求保护，也是为了节省空间。帆常常以具有象征意义的图案引人注目。

工具和材料

风干黏土（我选用DAS品牌的风干塑形黏土）

牙刷

水

圆木棒

水粉或丙烯颜料

画笔

纸

剪刀

铅笔或彩色蜡笔

胶水

莫德·波奇剪贴胶

图1

1 取一片大小如高尔夫球的黏土。将它搓成圆球，然后搓成热狗形状，长度约为4英寸（10厘米）。

2 将黏土压扁，直到达到饼干厚度。这是船的基底。（图1）

3 采取盘绕方法，将船身打造得更高。取一片大小如警车顶灯的黏土入手。放在两手之间揉搓，做成像手指那么粗的细长条。（图2）

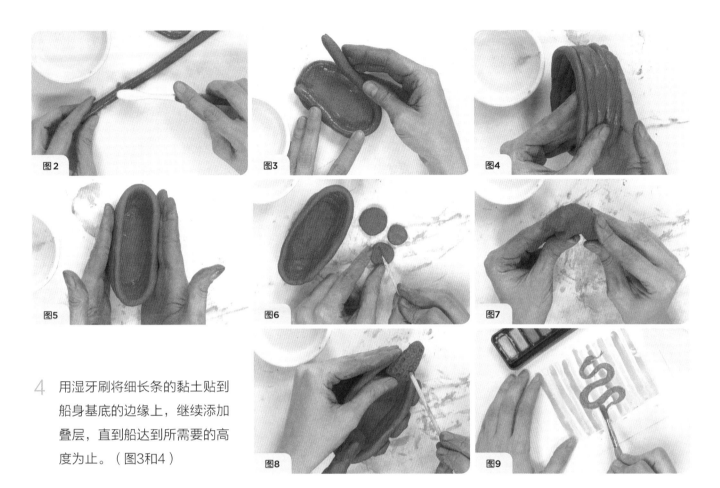

图2

图3

图4

图5

图6

图7

图8

图9

4　用湿牙刷将细长条的黏土贴到船身基底的边缘上，继续添加叠层，直到船达到所需要的高度为止。（图3和4）

5　轻轻按压侧面，使船身变狭。轻轻拉扯末端，将其稍微拉长。（图5）

6　制作盾牌，可揉搓和压扁黏土小球。用圆木棒装饰盾牌。用湿牙刷将盾牌附贴到船上。（图6）

7　用厚的细长条黏土片制作船的龙头。用圆木棒制作鼻孔和眼睛。用圆木棒迟钝的一端制作鳞片。用同样的方法制作龙尾。（图7）

8　用湿牙刷将龙头与龙尾附贴到船上。（图8）

9　在船体中心戳一个洞。这就是用胶水粘住桅杆的部位。让船晾一星期，晾干后为它上色。

10　剪出一个纸帆。在上面勾画或涂饰图案。（图9）

11　用胶水将圆木棒顶端垂直地粘到船孔中。让其他晾干。在帆的顶部和底部戳一个小孔，让圆木棒从中穿过。

12　用莫德·波奇剪贴胶密封和保护作品。

牵线木偶

工具和材料

风干黏土（我选用纸质黏土）

水

圆木棒

丙烯颜料

卫生纸卷筒，每个木偶1卷

打孔器

纱线或棉线

两根树枝，长度为10英寸或12英寸（25.5厘米或30.5厘米）

胶水

牵线木偶就是当你拉动操纵它的线时仿佛复活过来似的"傀儡"。创作以动物和人物为形式的牵线木偶，表演你自己的拿手绝活吧！

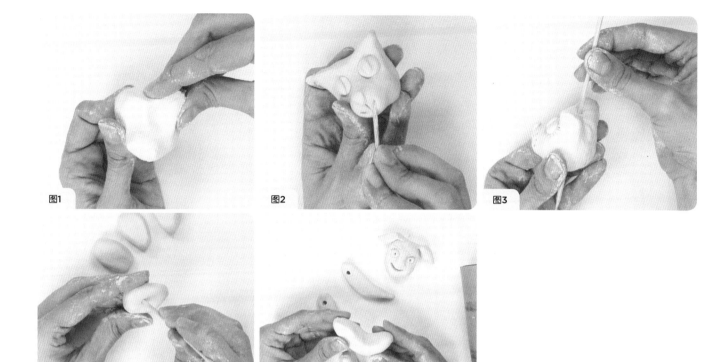

图1　**图2**　**图3**

图4　**图5**

1　取一片大小如乒乓球的黏土，制作牵线木偶的头部。如果你准备制作动物的话，可将黏土轻轻朝前捏，做成鼻口部，如实验课21（见68页）所示。制作耳朵，要么揉捏和拉扯黏土，要么分开捏塑耳朵，用湿牙刷附贴它们。两个拇指压入黏土内部，做成眼窝。（图1和2）

2　如果你准备制作人物的话，可分别做成眼睛和耳朵，用少许的水附贴它们。

3　用圆木棒戳一个从顶到底穿越头部的洞。来回转动圆木棒，同时轻轻推它穿过。将头部放在到一边。（图3）

4　如果你正在做动物的话，可将四小片黏土搓成圆球，用来当作脚。用圆木棒戳一个穿过每个球的洞。让脚晾干。（图4）

5　如果你正在做人物的话，可搓出四个小小的管状形体，用来当作手臂和腿。用圆木棒戳一个从一端到另一端穿过四肢的洞。让四肢晾干。（图5）

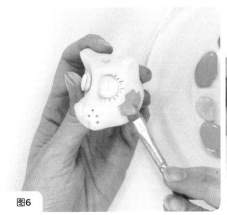

图6

图7

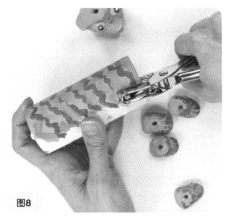

图8

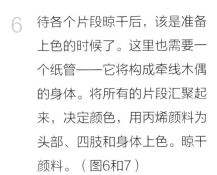

图9

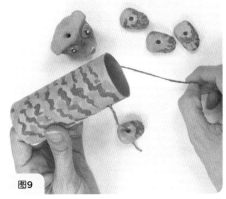

图10

6 待各个片段晾干后，该是准备
   上色的时候了。这里也需要一
   个纸管——它将构成牵线木偶
   的身体。将所有的片段汇聚起
   来，决定颜色，用丙烯颜料为
   头部、四肢和身体上色。晾干
   颜料。（图6和7）

7 组装动物，可在纸管前部打两
   个孔，在背部同样位置也打两
   个孔。将纱线或棉线穿入动物
   身体前部所打的孔。现在，将
   纱线或棉线穿入一只脚，在底
   部打一个双结将其固定。对另
   一只脚进行同样的操作。对动
   物身体的背部重复这个过程。
   （图8和9）

8 附贴动物头部，可给位于两脚
   上方的纸管打一个孔，剪两
   段长度约为18英寸（45.5厘
   米）的纱线或棉线。在纱线一
   端打个双结。将纱线穿入纸管
   内侧的孔，结头留在里面。让
   动物头部从顶端沿细线滑落下
   去。（图10）

9 在纸管相反一端的脚上打一个
   孔。给其他片段的牵线打个双
   结。如前所述让它穿入孔，在
   它从孔中显露的地方打个结。
   这根牵线和附着于头部的牵线
   将控制木偶。

图11

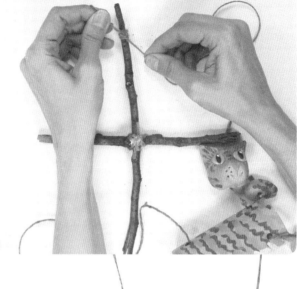

图12

10 如果你正在做人物的话，可遵照步骤8和步骤9，给纸管外侧添加手臂，给其内侧添加腿。附贴头部，可在为装手臂开设的孔上方直接打两个孔。用一段26英寸（66厘米）的纱线，穿入两个孔。将牵线并在一起打个双结。让头部滑过两根牵线。

11 将两根树枝捆扎成十字架，做成牵线木偶的控制器。用胶水粘住接头将其固定，让它晾干。用牵线捆住两根细棍的交汇处并打结。（图11）

12 如果你正在做动物的话，可用双结将一段纱线的末端捆扎到十字架树枝的两端。在接头上添加一滴胶水，在操作之前让它晾干。（图12）

13 如果你正在做人物的话，可将打过双结的牵线附着于十字架树枝。打个双结，用胶水将其固定，让它晾干。

化妆舞会上的动物面具

在世界各地欢度所谓嘉年华的假日期间，每天都会有应接不暇的聚会和游行。人们享受着佩戴掩饰身份的超萌面具参与盛会的狂欢。做一个你自己的嘉年华面具，看看有没有人把你辨认出来！

工具和材料

CelluClay品牌的黏土

水

大碗

塑料面具

广告板

剪刀

遮蔽胶带

铅笔

丙烯颜料

画笔

图1

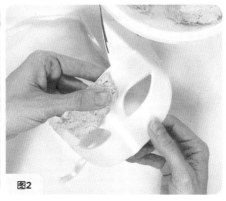

图2

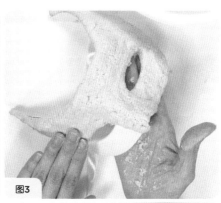

图3

1 按照实验课14的步骤（见48～49页），将CelluClay黏土放到碗里和水混合。

2 摆放好面具。用广告板和剪刀，切割出动物的耳朵。三角形适合于狐狸或者猫，圆形非常适合于熊猫。用胶带将耳朵贴到面具上。（图1）

3 将黏土混合物均匀地压到整个面具上。用手指将其抹平。（图2）

4 抹平耳朵上更多的黏土。将面具放在一边，让它晾几天。（图3）

5 在面具上勾画动物脸部的图样，为它上色。待颜料晾干后，主持一次化妆舞会，尽兴狂欢吧！（图4和5）

图4

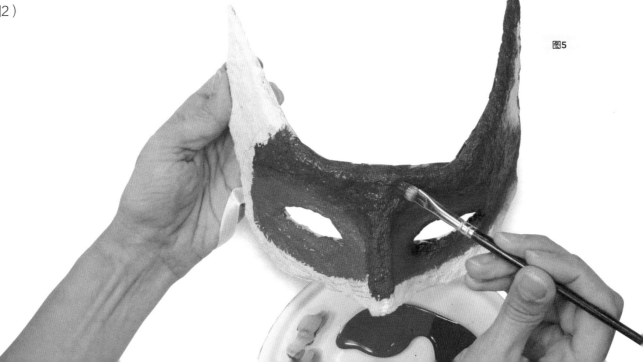

图5

树脂黏土和基本知识学习

树脂黏土是奇妙的、值得探索的介质。

它不是水性的，所以不会像其他黏土那样带来诸多麻烦。而且不管你想要制作什么，都要调配树脂黏土的色彩。然而，你不需要把它们全都买回来。你会在这个单元中发现，玩树脂黏土的巨大乐趣在于营造大理石花纹或者混合色彩。如同前面探索的其他类型的黏土一样，树脂黏土也非常适合于获取纹理。

晶莹剔透的陶盆

这节实验课的魔力在于当你跃跃欲试的时候，你既要做一位艺术家，也要力争成为一位科学家！你就要在你的黏土陶盆内种植晶粒了。你将会对这项科学探索的精美成果感到大为惊讶。

工具和材料

三四种颜色的树脂黏土

白胶

画笔

铝粉末（你可以在杂货铺的调味品柜台购得）

一杯（235毫升）水

微波炉安全碗

食用色素

调羹

报纸

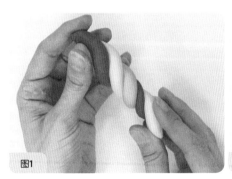

图1

图2

1 每种颜色各取一片大小如警车顶灯的黏土。将它们搓成长度相等的细长条。

2 将这些细长条缠绕在一起。（图1和2）

图3

图4

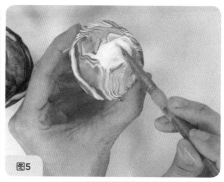

图5

图6

图7

3 再次缠绕，将其搓成圆球。这个操作你想重复多少次就重复多少次。黏土被揉搓、缠绕和形成圆球的次数越多，涡旋的色彩就越是缤纷。（图3）

4 将黏土圆球置于手掌心。用你的拇指深深压入它，然后捏塑边缘以形成盆状。遵照制造厂商的用法说明，在炉内烘烤你做好的陶盆。再让黏土冷却。（图4）

5 待陶盆冷却后，在其内侧涂一层胶水。在胶水还是湿的时候，撒上铝粉末，一直撒到它被覆盖为止。让胶水晾几天。（图5）

6 给碗内倒水，将其拿到微波炉里，加热到沸点。添加半杯（110克）铝粉末，再次加热到沸点。在混合物里拌入几滴食用色素。搅拌混合物，让黏土冷却。（图6和7）

7 将陶盆放到溶液中过夜。次日早晨，从溶液中轻轻取出陶盆，将其放在报纸上晾干。享受晶莹剔透的喜悦吧！

8 铝粉末溶液可以保存起来，重复使用。只要放到微波炉里重新加热，直到铝粉末溶解为止即可使用。这一试验结果获得的结晶体，从颗粒硕大到形体细微，应有尽有。

混色时钟

你不必拥有树脂黏土的每一种彩虹颜色。你可以自己从红色、黄色和蓝色三种原色中把它们调配出来。在这节实验课中你将用12种不同颜色来制作时钟上的数字。你需要一个靠电池供电的钟表制造工具箱，里面配备有钟面上的数字和指针。这些零部件可以在工艺品和五金商店买到，而且组装非常简便。

工具和材料

钝刀

红色、黄色和蓝色的树脂黏土

丢弃的CD光盘

靠电池供电的钟表制造工具箱

1 从三种颜色的黏土中各切两小片。每片都搓成圆球。将它们放在桌子上以形成三角形。这些是三原色。（图1）

2 要形成二次色，可合成原色：红色加黄色变成橙色，黄色加蓝色变成绿色，红色加蓝色变成紫色。（见对页方框）

3 从树脂黏土中切下大小如警车顶灯的红色和黄色黏土片。分别将每种颜色搓成细长条。从顶端开始，将两种颜色缠绕在一起。将缠绕物挤压成圆球。再次将它搓成圆球，缠绕和挤压成圆球。观察色彩混合状况，制作成橙色。重复到黏土呈现你想要的颜色为止。用同样的方法制作绿色和紫色。（图2和3）

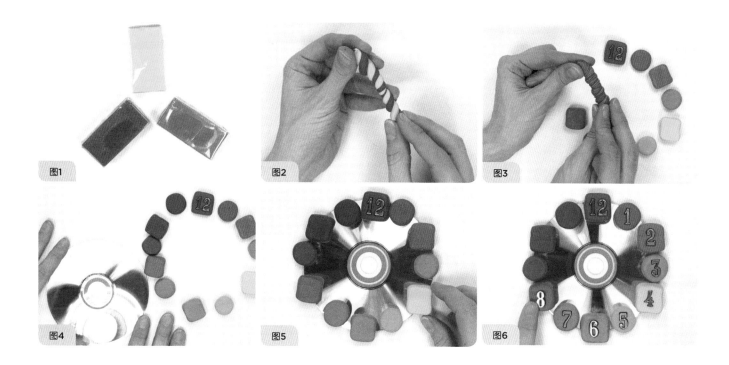

图1

图2

图3

图4

图5

图6

4　要制作三次色，可将原色和二次色加以混合。见本页方框。

5　每种颜色各做一个大小如警车顶灯的小圆球。将CD光面朝上，放到你的工作台面上。将各圆球以均等的间隔围绕CD边缘排列。将它们妥帖按入。轻轻将时钟的数字压入黏土。（图4~6）

6　烘烤时钟，温度比制造厂商用法说明中的推荐值稍微低一些。这将是对黏土的烘烤——不至于熔化数字或CD。完成后，让黏土冷却。

7　按照工具箱所附的用法说明，组装时钟。

一开始只有3种颜色，到最后竟形成12种颜色！

原色

1. 红色

2. 黄色

3. 蓝色

二次色

4. 橙色（红色+黄色）

5. 绿色（蓝色+黄色）

6. 紫色（蓝色+红色）

三次色

7. 红橙色（红色+橙色）

8. 黄橙色（黄色+橙色）

9. 黄绿色（黄色+绿色）

10. 蓝绿色（蓝色+绿色）

11. 蓝紫色（蓝色+紫色）

12. 红紫色（红色+紫色）

超萌的幸运签语饼

当你去中式餐厅就餐的时候，饭后可能会有侍者给你端上一份幸运签语饼以及茶点。我们在这里做的黏土版幸运签语饼，将成为一份你送给家人或朋友的温馨礼物。务必给那些特意来占卜幸运的人写一句吉祥的祝福语。

工具和材料

褐色和白色的树脂黏土

小纸条

记号笔或钢笔

珠宝耳环（任选）

3 用手指压扁圆球。将黏土按到工作台面上压扁，使其成为一个圆圈。（图2）

2 现在制作饼。要让饼呈浅褐色，可用褐色和白色树脂黏土搓出细长条。将两个细长条缠绕在一起，然后搓成圆球。继续这样做，一直到颜色充分混合为止。最后，黏土形成圆球。

4 手指塞到里面，像墨西哥煎玉米饼那样，朝上弯折黏土。手指继续待在里面，在黏土上开一个口，赋予饼三维形状。

1 从祝福语开始。在小纸条上写一些逗趣的祝福语或亲切的话。（图1）

图1

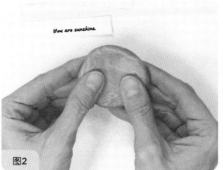

图2

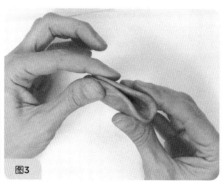

图3

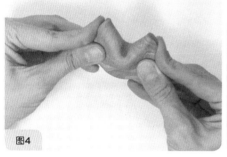

图4

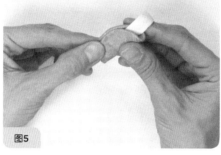

图5

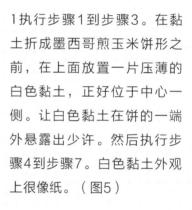

5　轻轻捏墨西哥煎玉米饼形顶端的四周及其一侧。任由一侧保持开放。那是插入签语的地方。（图3）

6　从捏过的边缘开始，轻轻将饼的两端朝彼此方向弯折，直到内侧呈V字形为止。（图4）

7　遵照制造厂商的用法说明，烘烤黏土饼。待它冷却后，插入签语，送给朋友！

变化

1 执行步骤1到步骤3。在黏土折成墨西哥煎玉米饼形之前，在上面放置一片压薄的白色黏土，正好位于中心一侧。让白色黏土在饼的一端外悬露出少许。然后执行步骤4到步骤7。白色黏土外观上很像纸。（图5）

2 烘烤之前，为饼添加小小的珠宝耳环，以此作为项链饰品。（图6）

图6

流光溢彩的萤火虫

有人给它们取名叫萤火虫，也有人说它们是"火火虫"。不管你怎么称呼它们，在持续数月的夏日里，这些小昆虫照亮了一片夜空。它们看着让人觉得美，把它们做出来甚至可以给人带来欢乐。

1 用两手搓小片黏土，做成一个圆球。将圆球捏成长度约为1/2英寸（1.3厘米）的椭圆形。

2 用圆木棒将椭圆形纵向切半，做成昆虫翅膀。轻轻掰分成两片，压扁成为翅膀。（图1）

3 揉搓黏土小球，用来当作昆虫的头部。将翅膀贴到头部。（图2）

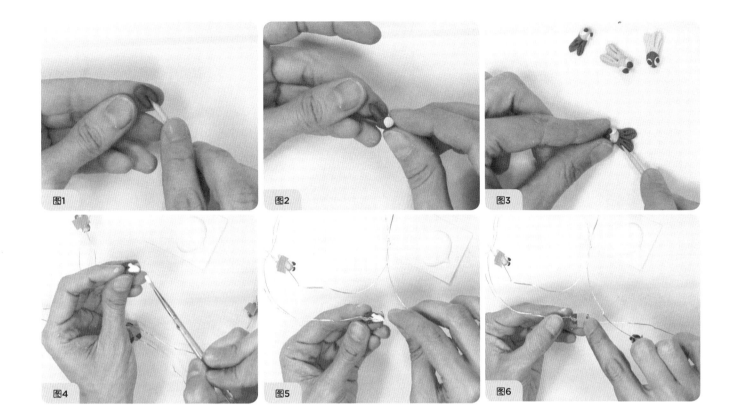

图1

图2

图3

图4

图5

图6

4 搓两个白色的黏土小球，将其压入昆虫头部作为眼睛。为眼睛添加更小的黑色黏土球，用来当作眼仁。

5 有多少盏灯就做多少只萤火虫，或者你想做多少就做多少。（图3）

6 遵照制造厂商的用法说明，对黏土萤火虫进行烘烤。一旦它们冷却，就剪一张尺寸大致与萤火虫相同的纸，放在一边。

7 在每个昆虫的背面涂刷一滴胶水，固定到灯串上，这样在它靠近背侧的地方就有了一个灯泡。（图4）

8 将剪下的纸放到昆虫背面，将灯夹在两者之间。轻轻压，不要将昆虫压碎，计数到30。这点时间足以让胶水凝固。（图5和6）

9 一旦所有的昆虫添加完毕，就把萤火虫点亮！为了好玩，可以把它们放在玻璃瓶内陈列，用作床头柜的照明。

动态雕塑——诉说关于我的一切

动态雕塑就是当悬垂于空中的时候会摇曳和改变形态的雕塑。可以到户外去搜罗宝贝，附着到你的活动雕塑上。留神观察你的艺术作品在摇曳中发生的位移和变形。

工具和材料

棍子、羽毛、树叶

丙烯颜料

画笔

三四种颜色的树脂黏土

圆木棒

饼干模（任选）

小型金属黏土印章（任选）

纱线或棉线

长度约为12英寸（30.5厘米）的棍子

胶水

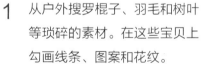

图1

1 从户外搜罗棍子、羽毛和树叶等琐碎的素材。在这些宝贝上勾画线条、图案和花纹。

2 遵照实验课25的步骤（见80～81页），制作你最偏爱的色彩混合黏土。将它们搓成小球，将其中有些球压扁。（图1）

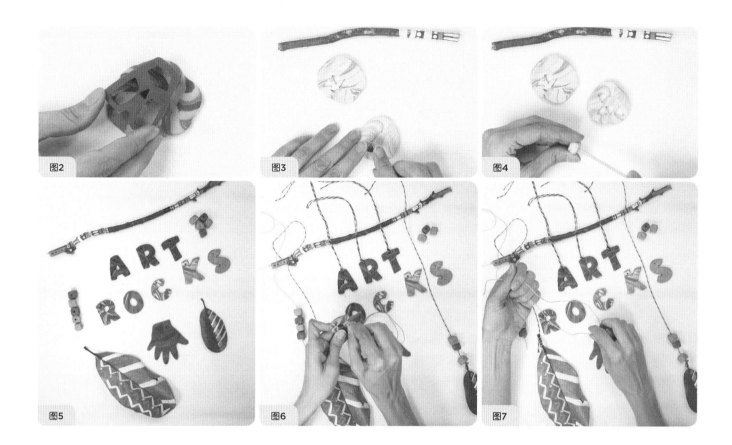

图2 图3 图4 图5 图6 图7

3　用圆木棒或饼干模将形状印入黏土。如果需要的话，可用金属印章添加图案。（图2和3）

4　用圆木棒在每个形状的顶端戳一个洞。在余下的小球上戳洞穿过，做成串珠。（图4）

5　遵照制造厂商的用法说明，烘烤黏土，包括仍在圆木棒上的球。让黏土冷却。

6　摊开动态雕塑图样。为了将串珠串起来，可剪一段长度为10英寸（25.5厘米）的纱线。在一端打个双结。让串珠顺着细绳滑下，直到被结头挡住为止。用双结将细绳捆绑于挂杆。（图5）

7　添加其他图样，可切一段纱线，其长度是串珠纱线的2倍，折叠成一半。将折叠的纱线放到每片黏土的孔内。这样将形成一个纱线环。让纱线末端从每个环中穿过。打个双结将它固定在挂杆上。（图6）

8　添加树叶和羽毛，可打个双结附贴纱线。用一滴胶水，将它们固定在所有的结头上。让它晾干。（图7）

9　为了便于悬挂，剪一段较长的纱线，用双结将其捆在挂杆的末端。

树脂黏土和基本知识学习 ┃ **89**

树脂黏土雕塑

既然你已经了解如何探索树脂黏土的色彩和纹理，那就让我们潜心创作雕塑吧。树脂黏土售价比其他黏土昂贵，所以用树脂黏土做成的雕塑形体都比较小。本书前面涉及的很多实验课也都可以用树脂黏土来创作。在这个单元中，你将学习如何按较小的尺幅工作，同时也学习如何制作雕塑底下的结构。

扎染乌龟

你在这节实验课中将探索一种能够创作扎染T恤的色彩和图案的有趣技艺。这样，各种稀奇古怪的图案都可以被添加到你的众多雕塑上。今天，你将要把它添加到石头上使其变成一只乌龟！

工具和材料

圆石
多种颜色的树脂黏土
圆木棒

1　到外面走走，收集一些圆形石块。石块无需光溜平坦，将它们洗一下晾干。（图1）

2　用两手揉捏整块黏土，直到它变软且容易挤压为止。你使用什么颜色无关紧要，因为那是看不见的。

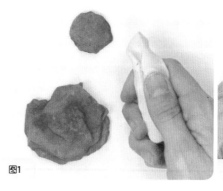

图1

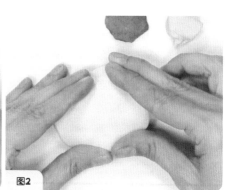

图2

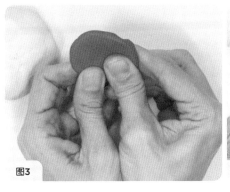

图3

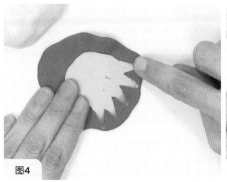

图4

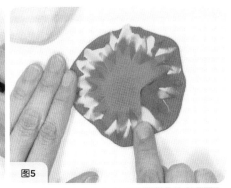

图5

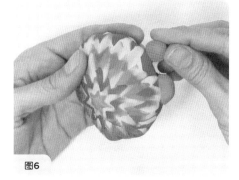

图6

3 将软化的黏土搓成圆球，压扁后形成薄薄的圆圈。用黏土覆盖石块的上半部分。只有石块的底部可以外露。如果必要的话，给压扁的黏土片打个补丁，覆盖住空白区，这样可以形成平滑的表面作为乌龟的背。（图2）

4 要做扎染，可取一种颜色的树脂黏土，将其搓成大小如警车顶灯的圆球。用手指将它压扁，形成薄薄的圆圈。（图3）

5 重复以上操作，做一个颜色不同、形体稍微小些的黏土圆圈。将它置于较大黏土圆圈的中心，用手指将内侧圆圈的颜色涂抹到外侧。（图4）

6 挑选另一种颜色的黏土，将其搓成更小的圆球后压扁。将它置于其他颜色顶端的中心，然后将内侧圆圈的颜色涂抹到之前圆圈的外侧。不要顺势涂抹到第一个圆圈。

7 继续添加更小的圆圈，以更小的间隔继续涂抹。一旦完成，就将扎染披搭在石块上，从底下塞进去。（图5）

图7

8 搓四片大小如花生的黏土，用来当作乌龟的腿。每一侧贴两个。（图6）

9 制作头部，可搓一个厚的黏土线圈，将它弯折成藤条形贴到石块上。用圆木棒压入黏土，做成嘴巴。搓几个黏土小圆球，用来当作眼睛和眼仁，贴上去。（图7）

10 遵照制造厂商的用法说明，烘烤黏土乌龟，将石块留在里面。让乌龟彻底冷却，然后再触摸它。

迷你折叠式图书

折叠式图书之所以得名，是因为它可以像手风琴乐器那样展开来阅读。图书页面呈之字形来回对折，展开后的长度可能是相当惊人的。折叠式图书是为了交叠起冗长得难以收拢的卷轴而在亚洲发明的。你可以打造一部无与伦比的折叠式图书来收纳你所有令人感兴趣的创意！

工具和材料

工具和材料

多种颜色的树脂黏土

擀面杖

两张2英寸×3英寸（5厘米×7.5厘米）的纸

圆木棒

饼干模

微型饼干模（任选）

一张18英寸×3英寸（45.5厘米×7.5厘米）的纸

胶水

两条8英寸（20.5厘米）长的缎带

1 按照实验课26（见82~83页）的步骤，将两三片黏土混合在一起，以营造漩涡效果。将黏土压扁，直到它比一张2英寸×3英寸（5厘米×7.5厘米）的纸稍微大些为止。

2 将纸放在压扁的黏土上，用圆木棒沿着边缘将黏土切割成长方形。重复步骤1和步骤2。一片黏土将充当图书的封面，另一片则充当封底。（图1）

图1

图2

图3

图4

图5

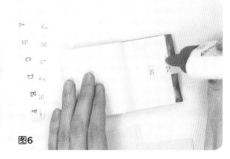

图6

图7

3　以你想要的任何方式，装饰封面和封底。用饼干模切出另一种颜色的压扁黏土片，将它们压到封面上。（图2和3）

4　遵照制造厂商的用法说明烘烤。让黏土冷却！

5　开始做图书页面，在你面前放一张18英寸（45.5厘米）长的纸。做第一个宽度为2英寸（5厘米）的对折。然后，继续来回地折叠纸页，一直到完成为止。

6　时断时续地在图书封面内侧边缘四周涂上胶水，再将手风琴式折叠页面放在上面。在封面里侧，用胶水画1根从中心向外侧边缘延伸1英寸（2.5厘米）的线条。将缎带一端放在胶水形成的线条上。然后，在上面放一张2英寸×3英寸（5厘米×7.5厘米）的纸。纸将缎带夹在中间。用相同的方法处理封底。将图书打开晾干。（图4～7）

7　你可以在这本书上写字或画画。

当作晚餐的寿司

在日本餐馆外的陈列柜里，你会发现一些外观十分逼真的模型食品。这些食品雕塑被称为"样品"，意思是指"货样"。让我们用黏土寿司来创作自己的日本食品雕塑吧！

工具和材料

多种颜色的树脂黏土，包括黑色和白色

擀面杖或广口瓶

压蒜器

圆木棒

直尺或硬纸板条

莫德·波奇剪贴胶

绿色细闪粉

1 寿司常被裹在紫菜或风干的海藻里，它是黑色的。取一片大小如警车顶灯的黑色树脂黏土。将它搓成小小的细长条，用手指将其压扁。用擀面杖压扁和拉伸它。（图1）

图1

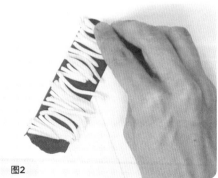

图2

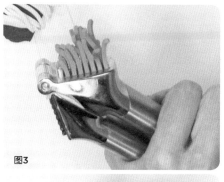

图3

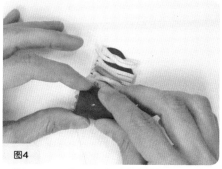

图4

图5

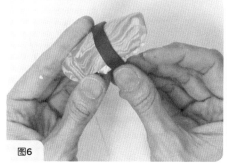

图6

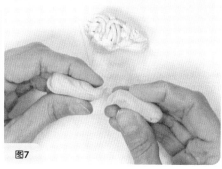

图7

图8

2   制作米饭，可将白色树脂黏土放入压蒜器压碎，将一连串的白色黏土放在紫菜上。（图2）

3   有些寿司卷内放有胡萝卜、黄瓜和鳄梨。将橙色黏土放入压蒜器内压碎。在寿司当中添加橙色细长条，添加绿色代表蔬菜，添加粉红色代表鱼。（图3）

4   将寿司轻轻卷起来。如果外面沾有任何黏土，可用直尺边缘将其修齐。（图4）

5   做寿司卷，需要制作更多的米饭。将米饭附着于寿司外侧。（图5）

6   生鱼片是覆盖在米饭上的一种新鲜鱼。我们将要做两种生鱼片：三文鱼和虾。制作米饭，将它压缩成椭圆形。混合橙色和白色黏土，做成三文鱼。将混色的黏土搓成小小的细长条，压扁。放到饭团上。（图6）

7   如步骤6所示，另做一个饭团。制作虾，可用浅淡的粉红色黏土。将它搓成细长条，折叠成半。在捏住一端的同时开始缠绕它。压扁两端，用来当作尾巴。将它放到饭团上。（图7）

8   用你已经学过的方法，制作筷子、芥末酱、生姜和酱油碗。

9   遵照制造厂商的用法说明，烘烤所有的黏土寿司片段。让它们晾干。

10   将少许莫德·波奇剪贴胶同喷洒的绿色细闪粉相混合。给紫菜上色，赋予它一点光泽。（图8）

闪烁的昆虫

当树脂黏土创作快接近尾声的时候，你可能常常会面对大量用剩下来的残片断块。也许你很想把它们赶紧扔掉，但是不要这么做。你可以用它们制作类似闪烁昆虫的趣味雕塑，还可以创作不带小宝石的昆虫。

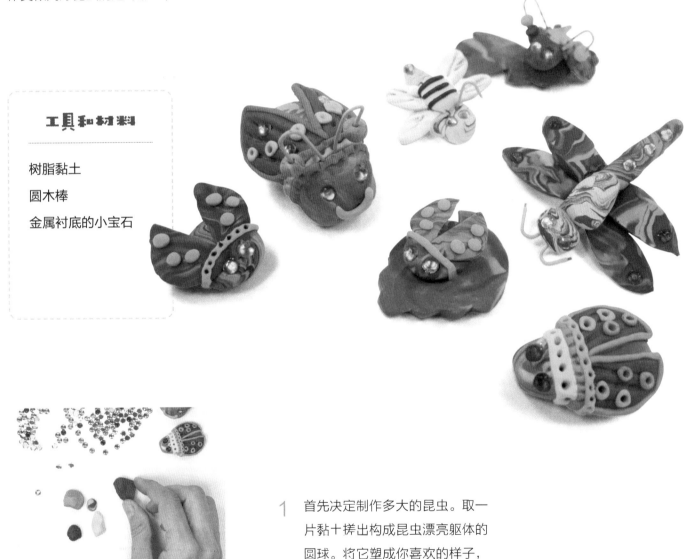

工具和材料

树脂黏土

圆木棒

金属衬底的小宝石

图1

1 首先决定制作多大的昆虫。取一片黏土搓出构成昆虫漂亮躯体的圆球。将它塑成你喜欢的样子，然后放在一边。（图1）

图2

图3

图4

图5

图6

图7

2 取大约四片黏土碎屑，将它们搓成小小的细长条，其长度都大致相等。（图2）

3 缠绕细长条，做成绳状的黏土串。一旦经过缠绕，就将其做成圆球。（图3）

4 将这个操作重复几次，一直到色彩混合得令人愉悦为止。压扁黏土。用圆木棒将它切割成圆圈，比昆虫躯体稍微大些。将圆圈剪成两片。将两片贴在躯体上，用来当作昆虫的翅膀。（图5）

5 添加细节，例如小圆点黏土、色条和昆虫躯体器官。试着做其他昆虫，例如蜻蜓和蜜蜂。（图6和7）

6 将绿色黏土片塑成圆球。将其压扁，切割成树叶形状。将昆虫放在树叶上。

7 将宝石压入树脂黏土。

8 遵照制造厂商的用法说明，烘烤黏土昆虫。

怪兽磁铁

难道每一台冰箱不需要三只眼的怪兽吗？做一个留着八字须的独眼龙或者大眼龅牙精灵怎么样？探索创作各种你可以改变、重新布局和贴到任何金属表面上去的呆萌的怪兽面容！

工具和材料

多种颜色的树脂黏土
圆木棒
自粘磁铁
剪刀
金属钢笔或记号笔
胶水

1　开始制作眼睛，方法是切一片黏土，将其搓成大小如警车顶灯的圆球。压扁圆球。（图1）

2　做一个更小的、另一种颜色的黏土圆球。将其压扁，放在第一片顶端做成眼仁——眼睛中色彩斑斓的部分。

3　为了形成更多的色彩，可在眼仁上添加细小的压扁黏土片。（图2）

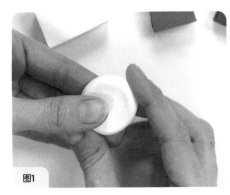

图1

图2

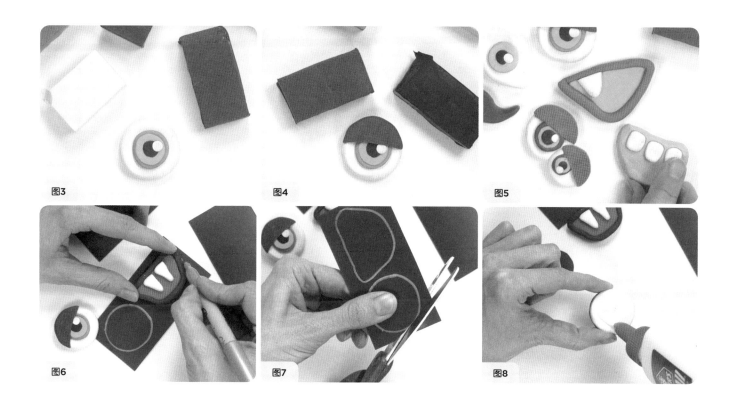

图3

图4

图5

图6

图7

图8

4 给眼睛中央的眼仁添加小圆点的黏土，以白色较为显眼。（图3）

5 如果需要的话，可以另做一只眼睛，与第一只稍微有点不同。或者做一些变动：将两个圆圈连接起来做成附贴在一起的眼睛。添加压扁的切半黏土做成眼睑。再做一些眼睫毛！（图4）

6 将一片黏土压扁成你喜欢的形状，制作八字须。用圆木棒添加纹理。你可以把两片形同翅膀的黏土通过交叠做成别致的八字须。制作嘴巴，可将黏土大球压扁。用圆木棒切割压扁黏土的外侧边缘，做成嘴巴形状，压扁、切割和添加不同颜色的黏土，做成牙齿和舌头。（图5）

7 遵照包装说明烘烤黏土。让黏土冷却。

8 将精灵面容描摹到一块磁铁上，将形状剪下来。剥离和附贴带黏性的背面，将精灵面容贴到磁铁上。如果不使用自粘磁铁，也可以用胶水将精灵面容附贴到磁铁上。（图6~8）

亡灵节

亡灵节是一个世界各地有很多人欢度的墨西哥节日。在这个持续多日的假期里，人们缅怀与世长辞的朋友和家人，但这不是一个悲伤的日子！人们脸上画着"卡特里娜"的巨大造型或是佩戴手工制作的骷髅，在一片音乐声中上街游行。你在这节实验课中将创作自己超萌炫酷的卡特里娜。

1　揉皱铝箔，使其成为大小如高尔夫球的椭圆形球。（图1）

2　用两手捂热白色树脂黏土块，通过挤压使其变软，将黏土放在工作台面上压扁。（图2）

图1

图2

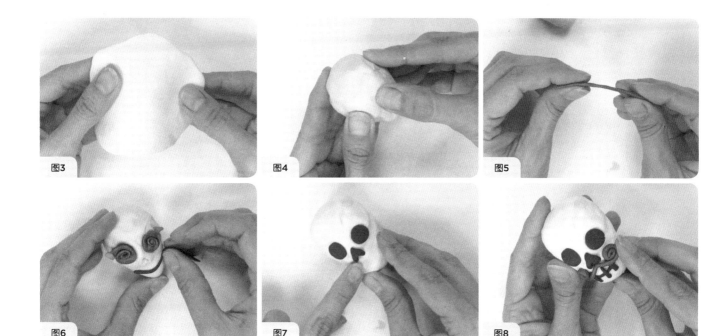

图3

图4

图5

图6

图7

图8

图9

3 折叠黏土包住铝箔球，压扁任何隆起处。用小片黏土填充任何外露的区域。（图3）

4 用手指轻轻将眼窝压入黏土头部。搓小片黑色黏土，将它们放到眼窝中。（图4）

5 制作花朵，可将小片黏土搓成细长条。用手指将其压扁。从一端开始搓黏土。捏住它的一端，使它看上去像玫瑰。

6 用细长条的黑色黏土当作嘴巴。沿着嘴巴添加更小的黏土片，用来当作牙齿。塑造黏土心脏，颠倒过来放在骷髅上，用来当作鼻子。（图5~7）

7 发挥一点创意！给你的亡灵添加八字须、花冠、眼镜或者帽子。（图8）

8 制作丰富多彩的背景，可搓三种颜色的细长条黏土，将它们缠绕在一起，使它们形成一个圆球，然后再将它们搓成细长条。重复进行，使黏土颜色形成漩涡。（图9）

9 压扁黏土片，添加到骷髅的背面。

10 遵照制造厂商的使用说明，烘烤黏土。让黏土冷却，用宝石和/或颜料对它进行装饰。

背包上的小饰品

小饰品可以让你以有趣的方式显摆自己的兴趣——你最喜爱的食物、运动、癖好或者任何其他事物。你在这节实验课中将运用先前创作中学过的雕塑技巧来制作有望为你的背包、项链或者手镯增光添彩的独特小饰品。创作这些微型杰作需要使用各种颜色的树脂黏土。就这节实验课而言，每个人的选择是不一样的，所以运用你的想象力来打造你属于你的魅力吧。

工具和材料

铅笔

纸

各种包装的树脂黏土

剪刀

圆木棒

卡簧

1　记下你最爱的食品、癖好和其他事情。创作之前画一些图样。我的最爱是艺术，所以决定雕塑一块调色板。

2　将两种颜色混合到一起，做成调色板的木材。当颜色呈现木纹外观的时候，用手指将其压扁。（图1）

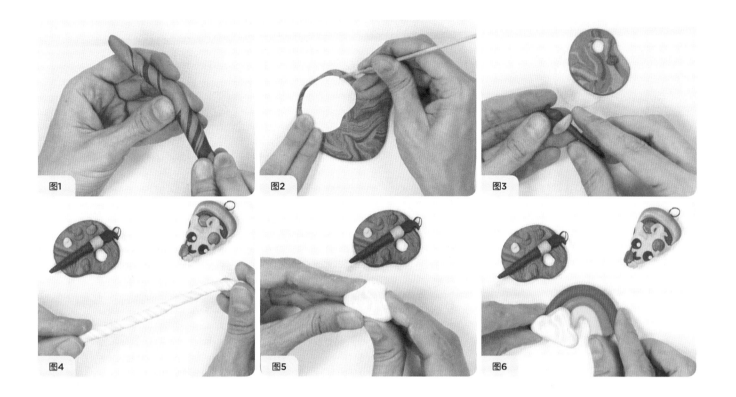

图1

图2

图3

图4

图5

图6

3　在一张纸上画出小型调色板的形状，尺寸相当于黏土块的四分之一，将它剪下来。将纸样放在压扁的黏土上，用圆木棒在它周围描摹。（图2）

4　制作画笔，可将黏土搓成长度约为1英寸（2.5厘米）的小小的细长条。在上面稍许添加一些黑色作为笔刷，在笔刷与把柄之间添加一些银色。轻轻将画笔压入调色板。（图3）

5　在调色板边缘的四周，添加不同颜色的小滴黏土，用来当作颜料。

6　烘烤之前将卡簧压入黏土。这将是添加小饰品别针的地方。

7　遵照制造厂商的用法说明，烘烤你的小饰品。在触摸或佩戴它们之前，让黏土冷却。

小贴士：

温习一下本书前面的实验课。查找制作甜甜圈、幸运签饼、披萨、杯形蛋糕、彩虹和其他好玩项目的用法说明。以微型尺幅雕塑这些题材，在烘烤之前添加卡簧。（图4～6）

自娱自乐的棋子和骰子

棋盘游戏玩起来真够带劲的。如果自创一款游戏就更带劲了！首先为游戏设想一个主题：外星人、怪兽、机器人、休闲食品、动物园的动物——只管说出它的名字。然后为你的角色设想一个巧妙的环境：与众不同的星球、冰箱或者野生动物园。汇聚你平素积累的一切炫酷创意，打造一款供你陪伴家人和朋友自娱自乐的游戏！

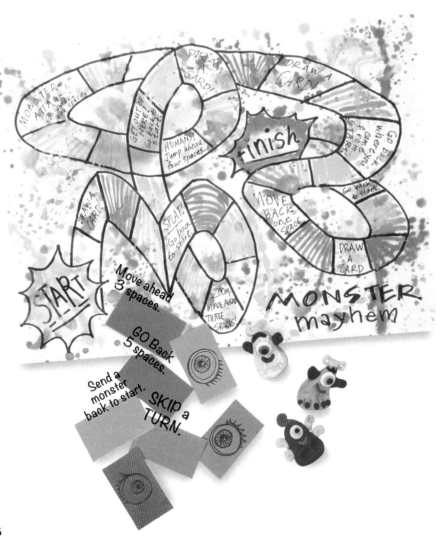

工具和材料

各种包装的树脂黏土

圆木棒

9英寸×12英寸（23厘米×30.5厘米）的海报板

水彩颜料

放水杯

画笔

不褪色的记号笔

十 张 1 英寸 × 2 英寸（2.5厘米×5厘米）的纸

1 定好一个主题，制作3～6个块面棋子。从形体不大于警车顶灯的黏土片入手。将黏土搓成一个圆球。用力将其按压到桌面上，使其形成扁平的基底。（图1）

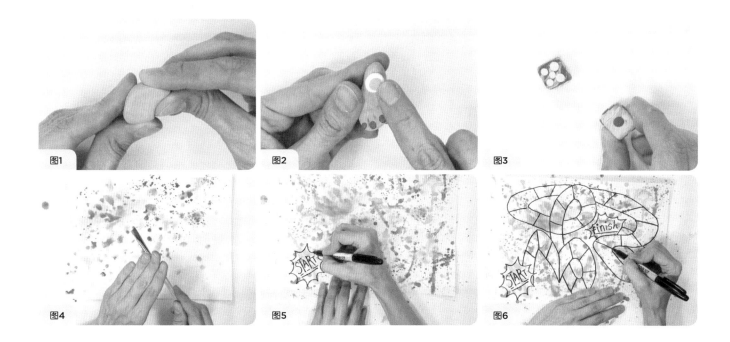

图1 图2 图3
图4 图5 图6

2　为块面棋子添加特征。如果它们是怪兽的话，可添加眼睛、嘴巴和呆萌的细节。如果是动物的话，可添加彰显其本质的特征。（图2）

3　制作骰子，可取一片大小如警车顶灯的黏土。将它搓成一个圆球，然后用手指将其塑成立方体。（图3）

4　用小片呈对比色的黏土，给骰子添加小圆点。骰子每一面应有从1到6的不同数字。

5　遵照制造厂商的用法说明，烘烤棋子和骰子。让黏土冷却。

6　以你希望的任何方式设计棋盘游戏。制作泼溅颜料棋盘，可用水涂布整个表面。然后在利用水彩的情况下，将画笔浸入颜料，只要轻轻拍打画刷背面即可泼溅颜料。让它完全干燥。（图4）

7　用不褪色的记号笔，画一个游戏的"起始点"。这个点应该大得足以容纳所有的块面棋子。（图5）

8　画一根线条作为游戏路径。另画一根离开第一根线条约1英寸（2.5厘米）的线条，形成平行线。将路径划分成带短线条的空间。它很像人行道。

9　在这些空间写上指令，例如"回到起点"或者"往前走三步"。（图6）

10　制作一副供玩家抽取的小牌，上面标有更多的指令。别忘了添加两三个陈述"抽一张牌"的空间。给游戏取个名字。尽兴玩个过瘾吧！

大放异彩的夜明灯

利用其他创作活动中残余的一些树脂黏土来打造你自己的夜明灯。千万别把树脂黏土的碎片一扔了之，因为你能用它来做好玩的作业，就像这里图示的一样！量身定做自己的夜明灯，它将给你的夜晚增添些许光芒。

工具和材料

各种颜色的树脂黏土
圆木棒
廉价夜明灯
金属树脂小印章
胶水

1　取三片大小如警车顶灯、不同颜色的黏土。每片都搓成细长条。

2　捏住细长条的一端将它们缠绕起来，直到它们看上去像拐杖糖为止。（图1）

3　挤压缠绕的"拐杖糖"，使其变成圆球。将它搓成细长条，再次缠绕，使色彩呈漩涡状。（图2）

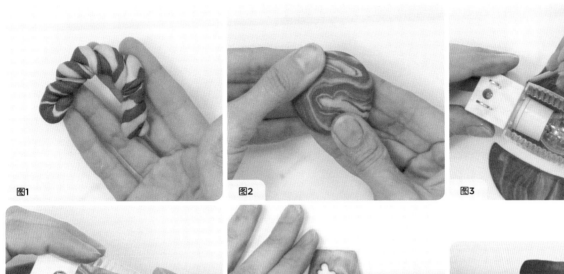

图1　图2　图3

图4　图5

4　在你的工作台面上将黏土压扁，把夜明灯放在上面。用圆木棒描摹夜明灯四周边缘，勾划出形状。（图3和4）

5　用金属黏土印章，在黏土上制出图案。（图5）

6　遵照制造厂商的用法说明，烘烤黏土。让黏土冷却。

7　用胶水将图案贴到夜明灯上。给它接通电源！

时髦的仿真马赛克

马赛克是由小片玻璃、石材或黏土构筑而成的艺术作品。通常，其表面用胶水黏附着七零八碎的材质，再添加薄泥浆填满其间存在的空隙。我们的马赛克——出现在门牌或赤陶罐上——是采取不一样的方法制成的。那就是我们的马赛克为何被冠以赝品或仿真品之名的原因！

工具和材料

木质或赤陶材质，例如
木门牌或赤陶罐

树脂黏土

圆木棒

剪刀

金属树脂印章（任选）

大张烤纸

胶水

画笔

莫德·波奇剪贴胶（任选）

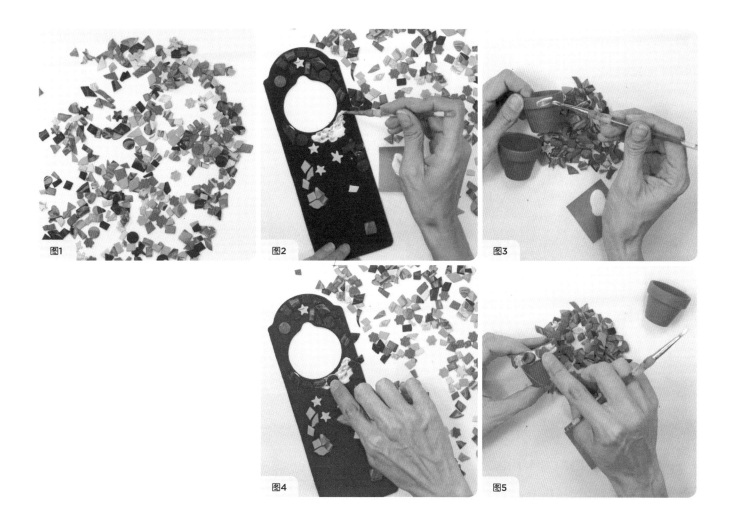

图1

图2

图3

图4

图5

1　选择某样将覆盖仿真马赛克的东西。木质表面和赤陶罐都非常合适。

2　压扁树脂黏土，用圆木棒将它切割成条状，准备好仿真马赛克要用的瓷砖。（图1）

3　用剪刀或树脂印章，将黏土切割成较小的形状。

4　将瓷砖放在大张烤纸上铺展开。如果有些瓷砖发生触碰，那也无妨。遵照制造厂商的用法说明，烘烤黏土瓷砖。让黏土冷却。轻轻掰开粘在一起的瓷砖。

5　为有待覆盖的表面设计一个图案，将胶水刷在一小部分的表面。（图2和3）

6　在沾有胶水的截面上将瓷砖安排妥帖，只在当中留下少许空间。重复，涂刷胶水，将瓷砖安置到上面。（图4和5）

7　一旦所有的瓷砖都安置妥帖，就让胶水过一夜晾干。

8　为了确保瓷砖的永久性，给整个表面添加一层莫德·波奇剪贴胶。

桌面恐龙

许多雕塑在外部轮廓底下有某种所谓的支架。支架所起的作用类似于支撑轮廓的骨骼。对你的桌面恐龙来说，你将要用铝箔来制作一个支架。

工具和材料

一张10英寸×10英寸
（25.5厘米×25.5厘米）
的铝箔

树脂黏土

圆木棒

丙烯颜料

画笔

莫德·波奇剪贴胶

细闪粉

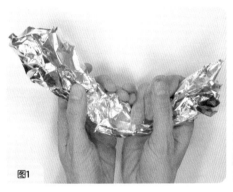

图1

图2

1　轻轻压皱铝箔，直到它看上去如同一条蛇。将它弯折成U字形。捏塑其一端，做成恐龙的尾巴。（图1）

2　铝箔另一端将是恐龙的头部。制作张开嘴巴的支架，可轻轻将铝箔撕开大约1英寸（2.5厘米）。揉皱撕裂过的铝箔，直到它酷似恐龙张开的嘴巴为止。

3　选择任何颜色的黏土来制作恐龙。若要混合两种颜色，可将两者搓成细长条，其中一条缠绕在另一条的周围。将缠绕的结果做成圆球造型。将圆球搓成细长条。继续缠绕和揉搓，直到黏土形成漩涡图案或者完全混合为止。（图2）

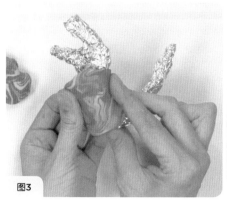

图3

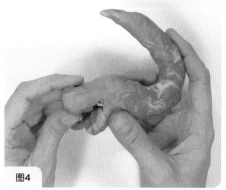

图4

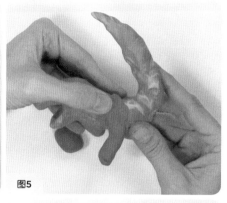

图5

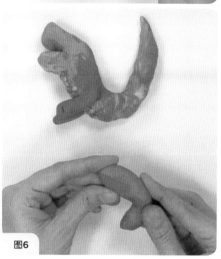

图6

4 取多片黏土，将其压扁成薄片，用来当作恐龙的皮肤。将薄片搭在支架上。轻轻压入到位。（图3）

5 继续压扁黏土，添加到支架上，直到整个支架被覆盖为止。（图4）

6 制作恐龙的短前腿，可揉搓两小片黏土，将它们添加到恐龙身体的无论哪一边。（图5）

7 制作恐龙的后腿，可揉搓更长、更厚的黏土片，将它们添加到侧面。弯折其腿，使恐龙能够站立起来。（图6）

8 揉搓黏土小球，将它们按压到恐龙皮肤上，做成多鳞的纹理。用小片黏土，添加眼睛和牙齿，

9 在烘烤之前确认恐龙能够站立，如果翻倒的话，则要调整头部和腿部，直到能够平衡为止。

10 遵照制造厂商的用法说明烘烤黏土，铝箔应位于内侧。让黏土冷却。

11 给你的恐龙涂饰一些细节，让它晾干。用莫德·波奇剪贴胶添加闪粉，或者在涂刷之前将细闪粉与莫德·波奇剪贴胶相混合。

自制黏土

~~~~~~~~~~

在后面的实验课中，你必须同时扮演厨师、科学家和艺术家的角色，因为你要用自己的黏土来混合和进行创作。大部分黏土配方需要配备少量的基本家用成分。它们都不需要烘烤，只有少数需要在温度不高的炉内放一些时间。在利用食用色素给自制黏土上色的时候，一定要将你的工作台面遮盖住并戴上手套，以免弄脏你的双手。

最主要的是，享受混合成批黏土带来的乐趣！

简易免烤黏土

自制黏土最美妙的事情就是制作它！由于我们要用到烹饪必备品，所以这种黏土最好是在便于清洁的厨房里制作。这种黏土配方很简单，需要的成分只有寥寥几样。你也可以重复使用这种黏土，方法是将它储存在一个不透气的拉链锁袋内。如果黏土在你工作的时候变得干燥了，只需添加更多的水。如果你想把某些创作成果保存起来，那么还是让它风干为好。

工具和材料

大混合碗

量杯

两杯（250克）通用面粉

³/4杯（216克）细盐

³/4杯（175毫升）热水

拉链锁袋

图1

图2

图3

图4

1   在混合碗中，测量和添加所有三种成分。（图1和2）

2   用双手捏揉或将各成分挤压到一起。这个操作需要做2～3分钟，直到所有成分混合得像一个面团圆球为止。如果太过坚硬，无法立刻揉捏，可将面团圆球切成一半后继续揉捏。（图3和4）

3   一旦黏土圆球呈光滑状态，就该是投入创作的时候了！拼接黏土片时，只要把水当作胶水来涂就可以了。要保存你的创作成果，可让它晾一夜。没用过的黏土可储存在拉链锁袋里，以便日后再次使用。

带印章的黏土装饰品

制作装饰品是创作小礼物和探索橡皮印纹理的一种有趣而轻松的方式。一旦这些装饰品晾干了，就可以为它们上色，用色彩鲜艳的缎带或麻线串联起来。

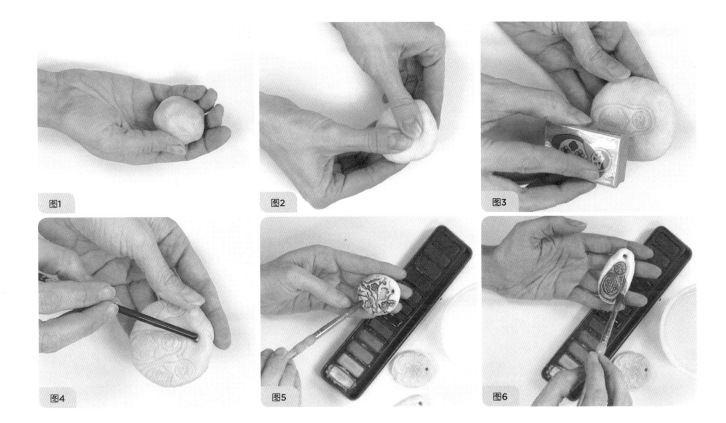

图1
图2
图3
图4
图5
图6

1 取一片大小如警车顶灯的
黏土。将它搓成光滑的圆
球。在手掌心里将圆球压
扁。（图1和2）

2 将印章压入压扁的黏土。
图案深的图章效果最佳。
细节小巧精致的印章，对
于这种黏土不一定总是奏
效，但试验一下还是挺好
玩的。

3 如果你对印章图案不是很满
意，可将它卷起来，再试一
次。如果黏土开始龟裂，可
以揉入一点水。（图3）

4 用圆木棒在装饰品顶端戳一
个洞。（图4）

5 让装饰品晾一夜。几小时后
将它翻转过来，确保两边都
晾干。

6 用水彩颜料给装饰品上色。
晾干颜料。（图5和6）

7 将缎带或麻线穿入挂件的
洞。

香喷喷的橡树果实

这里要做一个绝美的秋日作业。你不会相信这些橡树果实闻上去有多么芳香四溢！

工具和材料

简易免烤黏土（实验课41，见116～117页）

香料，例如生姜、肉桂、丁香、南瓜和苹果派香料

量匙

小碗

橡树果实盘

细绳或麻线

胶水

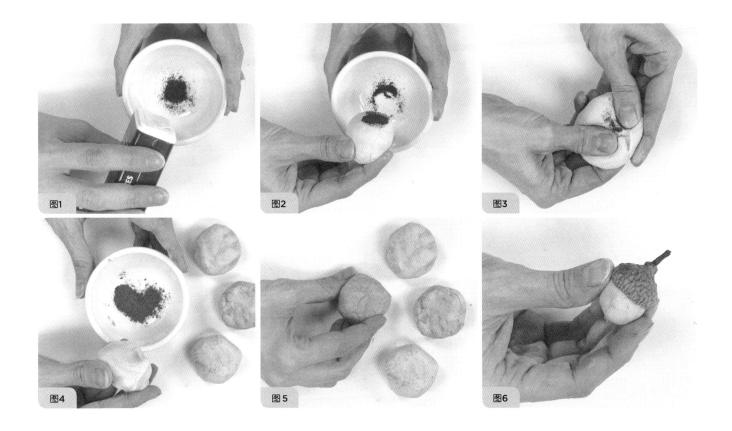

1 将黏土划分成大小如乒乓球的片状。

2 在碗里撒大约 1/4 茶匙的香料。在碗里揉搓每个黏土圆球。（图1和2）

3 在两手间砸碎黏土，再次搓成圆球，对黏土进行加工。（图3）

4 为了营造更强烈的香味，可在碗内撒更多的香料，并重复操作。如果香料添加过多，可能导致黏土干掉。可添加少许的水予以弥补。（图4和5）

5 摆放开橡树果实。将撒过香料的黏土球压入每颗果实的顶端。让它们晾一夜。（图6）

6 若要悬挂散发香气的果实，可用胶水将一段细绳粘在顶端，让它晾干。

自制游戏面团

这个游戏面团的配方因含有爱酷牌饮料而散发着诱人的香味。然而，由于它是利用盐做成的，所以你不会想要品尝它的滋味！如果把这种黏土储存在可密封的容器内，那么你就能够一而再、再而三地拿它来玩。你在实验课45中将会看到，该如何用爱酷牌饮料游戏面团来做一件色彩斑斓的纪念品。

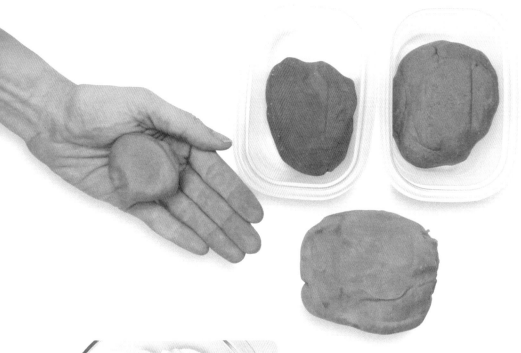

- 2¹/₂杯（313克）通用面粉
- ¹/₂杯（144克）细盐
- 一调羹（19克）小苏打
- 大碗
- 小碗（数目与你拥有的爱酷牌饮料包相同）
- 各种不加糖的爱酷牌饮料包
- 一杯（235毫升）水
- 调羹
- 蜡纸
- 三个可密封的容器

图1

1 将面粉、细盐和小苏打放入大碗混合到一起。（图1）

2 将四份面粉混合物均匀地分摊到小碗里。不需要测量，凭目测就能简单地断定它们看上去是否均匀。

3   将不同颜色的爱酷牌包装饮料
     分别倒入四种混合物。（图2）

4   慢慢将水倒入碗内。（图3）

5   用调羹进行混合。混合物应呈
     块状，稍微带有黏性。它不该
     成为碎屑。如果变成碎屑了，
     就再添加少量的水。（图4和5）

6   将混合物从一个碗倾倒到蜡纸
     上。用双手揉捏黏土，直到颜
     色均匀混合，黏土中没有结块
     为止。（图6）

7   按照这些步骤，尝试不同颜色
     的爱酷牌饮料。

8   将爱酷牌游戏面团储存在分开
     的可密封容器内，供日后使
     用。（图7）

黏土冰棒

当你对使用游戏面团产生厌倦的时候，你可以做一做这些逗趣的冰棒雕塑！它们看上去如此逼真，你甚至还有可能把朋友给骗了，误认为它们是可以吃的。添加透明闪粉真的让冰棒看似结了霜一般。

工具和材料

多种颜色的游戏面团（实验课44，见122~123页）

冰棒棍

蜡纸

莫德·波奇剪贴胶

画笔

透明闪粉

1 按照实验课44中制作游戏面团的配方，取两种颜色的游戏面团，将它们搅在一起，做成冰棒。两个面团的大小如乒乓球。

2 将每个游戏面团搓成细长条。它们应当长度相同。（图1）

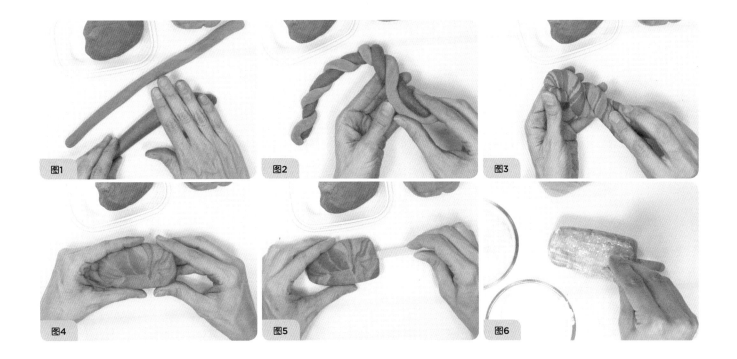

图1　图2　图3

图4　图5　图6

3　紧挨着摆放两根细长条。用一只手捏住其顶端，将它们拼接在一起。另一只手开始将两根细长条缠绕在一起，缠绕得看上去有点像拐杖糖。（图2）

4　将缠绕的黏土塑成圆球，然后再次将它搓成细长条。两个面团应该开始混合并搅和到一起。如果混合更多面团的话，可捏住细长条顶端，用另一只手缠绕，如步骤3。（图3）

5　再次将黏土塑成圆球，然后搓成小小的细长条。轻轻将它按压到工作台面上，将黏土塑造成酷似冰棒的形状。（图4）

6　将冰棒棍插入面团底部。（图5）

7　让黏土在蜡纸上晾一夜。不时翻转冰棒，让它均匀晾干。

8　若要添加一些冰花，可在冰棒一侧涂布一层莫德·波奇剪贴胶。撒上透明闪粉。（图6）

9　在对背面和侧面重复步骤8之前，让莫德·波奇剪贴胶和闪粉晾干几小时。

用沙质黏土制作侏罗纪化石

侏罗纪是一个恐龙漫游地球的时代。你在这节实验课中将用沙来制作自己的黏土，你还将学会制作恐龙化石！你和你的朋友们可以从掩埋这些化石、像考古学家那样发掘这些化石的过程中找到无穷乐趣。

工具和材料

大碗

量杯

两杯（708克）沙

1¹/₂杯（188克）通用面粉，外加更多的用于撒粉

1¹/₄（分数格式）杯（360克）细盐

调羹

一杯（235毫升）温水

闪粉（任选）

蜡纸

盘或饼干烤纸

玩具汽车和恐龙

黑色或褐色水彩颜料

画笔

1 用调羹将沙、面粉和细盐在大碗内混合到一起。（图1）

2 一边搅拌，一边慢慢加水。当黏土再也不能用调羹混合时，改用你的双手。（图2）

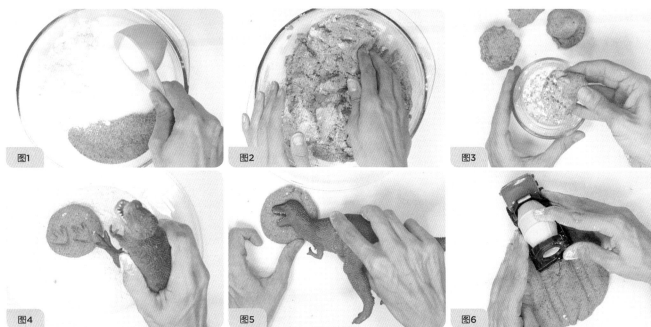

图1 图2 图3 图4 图5 图6

3 将黏土划分为如高尔夫球大小的小片。

4 为了取得少许闪烁的效果，可将黏土压入一个闪粉容器，使闪粉渗入黏土。（图3）

5 将蜡纸放在盘上，撒面粉将它覆盖。将黏土压扁到纸上。

6 利用恐龙和汽车等塑料玩具，用力将恐龙的脚压入黏土。试着驾驶玩具汽车穿越黏土。（图4～6）

7 如果遇到阳光充足的日子，可将盘拿到阳光下晾干。每隔两个小时将黏土片翻转一下。也可以把黏土放室内晾两天。

8 一旦黏土晾干，可用褐色或黑色水彩颜料为它上色。黏土的凹陷处用一种颜色，其他部位则用不同的颜色。这样有助于让化石更加引人注目。（图7）

9 将化石拿到户外掩埋。发掘你的恐龙化石该会多么有趣！

图7

闪光的黏土串珠

这节实验课将采用实验课41的配方，但是这一次你将要给黏土添加色彩和闪光。你还将学习如何通过混合红色、黄色和蓝色三种原色来调配橙色、绿色和紫色二次色。这个配方会产生大量的黏土。将多余的黏土储存在不透气的拉链锁袋内。

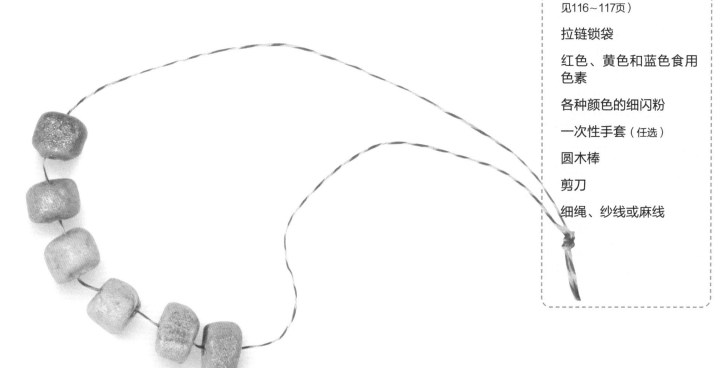

工具和材料

简易免烤黏土（实验课41，见116~117页）

拉链锁袋

红色、黄色和蓝色食用色素

各种颜色的细闪粉

一次性手套（任选）

圆木棒

剪刀

细绳、纱线或麻线

1　按照实验课41（见116~117页）的配方制作简易免烤黏土。用双手捏揉黏土，直到它光溜平滑为止。

2　将黏土分为三等份。将黏土装进各自的拉链锁袋内，分别给它们添加3～4滴食用色素，使其中一份为红色，一份为黄色，一份为蓝色。（图1）

3　挤压袋子，直到食用色素和黏土混合均匀为止。如果颜色太浅，可添加更多的食用色素并继续挤压袋子。（图2）

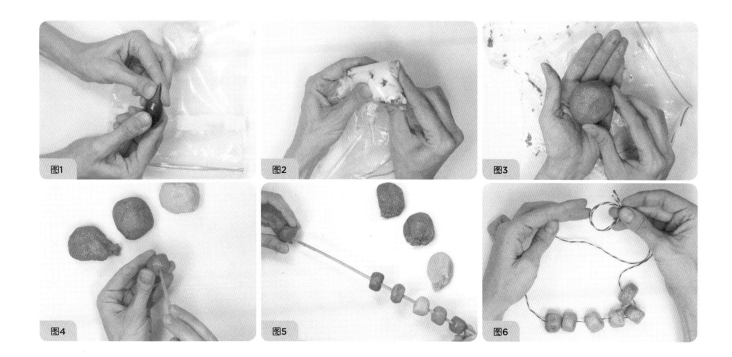

图1

图2

图3

图4

图5

图6

4　撒入和黏土相同颜色的闪粉。挤压袋子，直到一切充分混合为止。从袋子中取出黏土。

5　黏土所用的食用色素可能会弄脏你的手。在触摸黏土之前，戴上一次性手套。将每种颜色的黏土搓成圆球。（图3）

6　为彩虹项链制作串珠，可取一片大小如警车顶灯的红色黏土，搓成圆球，慢慢将它推到圆木棒上。（图4）

7　制作橙色串珠，可取一片黄色黏土和一小片红色黏土。用两手揉搓两种颜色，直到形成橙色为止。将它推到圆木棒上。

8　制作绿色串珠，可取黄色和蓝色黏土。绿色中所用的黄色比蓝色稍微多些。

9　制作紫色串珠，可取同等分量的红色和蓝色黏土。

10　按照红、橙、黄、绿、蓝和紫的次序，将所有串珠推到圆木棒上。让串珠晾一夜。（图5）

11　剪一段长约24英寸（60厘米）的细绳、纱线或麻线。

12　按照彩虹的次序，将串珠推到细绳上，用双结捆住细绳。享受佩戴自制项链带来的乐趣吧！（图6）

自己做橡皮泥

橡皮泥不是你能用来进行雕塑的黏土。相反，它有助于通过挤压和玩耍来增强你的手肌。但是，这种橡皮泥最美妙的地方在于制作它的过程。那是一种动辄搞得遍地狼藉，却黏糊糊的让人难以挣脱的乐趣！

工具和材料

4盎司（120毫升）瓶装白胶浆

混合碗

量杯

食用色素

调羹

1/2杯（120毫升）Sta Flo品牌的浓缩液

淀粉

蜡纸

拉链锁袋

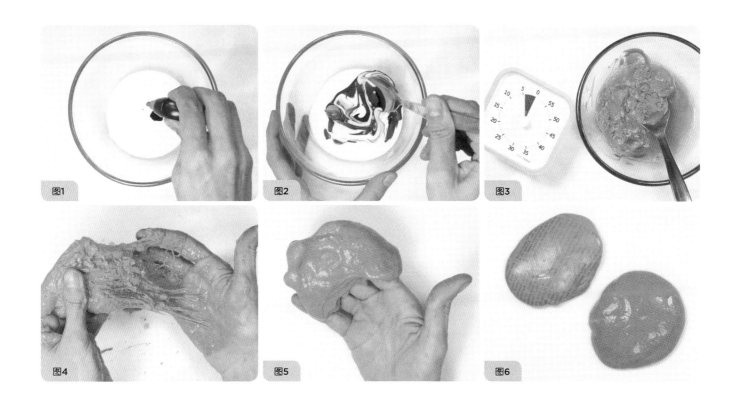

图1

图2

图3

图4

图5

图6

1 将瓶内装的白胶浆全部倒入碗内。添加1~2滴食用色素，加以搅拌。（图1和2）

2 将液态淀粉倒入碗内。让白胶浆、淀粉和食用色素在碗内沉淀5分钟。（图3）

3 用蜡纸覆盖住你的工作台面。将混合物倾倒在蜡纸上。

4 将橡皮泥拉扯和挤压4~10分钟。最初它非常具有黏性。继续拉扯、挤压，将它搓成圆球，直到它不再那么黏糊糊为止。（图4~6）

5 一旦橡皮泥被彻底混合，它就具有了弹力，甚至还能从报纸上扯下印刷图文。

6 将橡皮泥保存在一个不透气的拉链锁袋内，以供日后玩耍。

盐面团配方和玫瑰雕塑

这个配方与实验课41的配方很相似，不过你利用它创作的艺术作品是要烘烤的。这样可以将黏土硬化，并容许你立马为它上色。为了少做一些黏土，可将所有的成分成一半。

工具和材料

大碗

量杯

两杯（250克）面粉

1/2杯（144克）细盐

3/4杯（175毫升）水，外加更多用于雕塑的水

蜡纸

圆木棒

饼干烤纸

防粘喷雾油

丙烯颜料

画笔

莫德·波奇剪贴胶

拉链锁袋

1　用调羹在大碗内将面粉和细盐混合到一起。

2　慢慢添加水，用调羹将其混合。当你再也不能用调羹混合时，改用双手揉捏面团。面团会有高低不平的纹理。（图1）

3　用蜡纸覆盖住你的工作台面，取一片大小如大型警车顶灯的面团，搓成圆球，放在手指之间将其压扁。

4　制作玫瑰中心。首先将黏土边缘朝里卷。继续卷到抵达另一端为止。（图2）

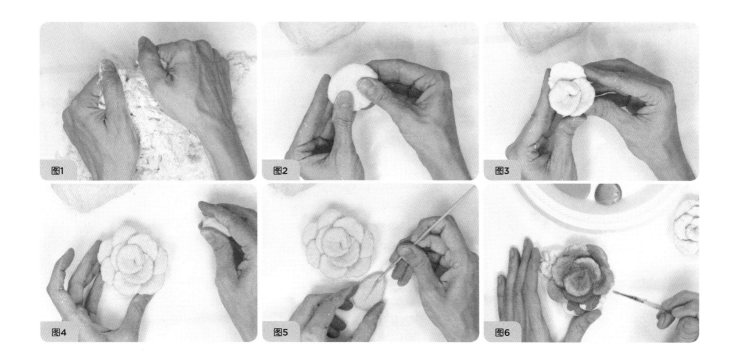

图1 图2 图3
图4 图5 图6

5　为玫瑰添加花瓣，可另取一片黏土，将它搓成圆球，压扁。用手指给压扁的黏土添加两滴水，并给玫瑰中心外侧加水。水可起到胶水的作用。（图3）

6　继续揉搓、压扁黏土圆圈，并加一滴水将它添加到玫瑰外侧，直到它形成你想要的尺寸为止。将它轻轻按压到蜡纸上。这将构成一个扁平的底部，以便能放置玫瑰。（图4）

7　取一片黏土，将它塑成叶子。用圆木棒的尖头为叶子添加叶脉。为叶子加一滴水，贴到玫瑰外侧。（图5）

8　将炉子预热到250℉（120℃或者焦痕¹/₂）。给饼干烤纸喷洒防粘喷雾油。将玫瑰放在饼干烤纸上，烘烤25~30分钟。让黏土冷却。

9　为了进一步赋予玫瑰三维立体感，可为玫瑰涂饰一种颜色。然后轻轻在玫瑰花瓣的顶端边缘涂上白色。晾干颜料。（图6）

10　用莫德·波奇剪贴胶密封作品。

11　将任何多余的黏土储存在拉链锁袋内，供日后使用。如果放在冰箱内，最多可以保存三天。

盐面团小鸟雕塑

这些趣味小鸟可以成为很棒的墙饰。它们以呆萌的表情和绚丽的色彩，确保你拥有灿烂的一天。这节实验课使用的面团和实验课49相同。你也可以用工艺品商店买来的风干黏土创作小鸟雕塑。

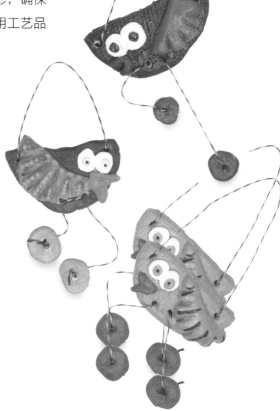

工具和材料

盐面团配方（实验课49，见132~133页）

带纹理的织物，例如粗麻布或蕾丝

蜡纸

圆木棒

一小碟水

饼干烤纸

防粘喷雾油

丙烯颜料

莫德·波奇剪贴胶

细绳、纱线或麻线

图1

图2

1 按照实验课49（见132~133页）的盐面团配方做好面团。

2 用双手搓一片大小如橙子的黏土。将黏土按压到带纹理的织物上。（图1）

3 慢慢从织物上剥离黏土。将它放到一张蜡纸上。

4 用圆木棒将面团圆圈切半。一半做成鸟的身体。另一半将成为多余的黏土。（图2）

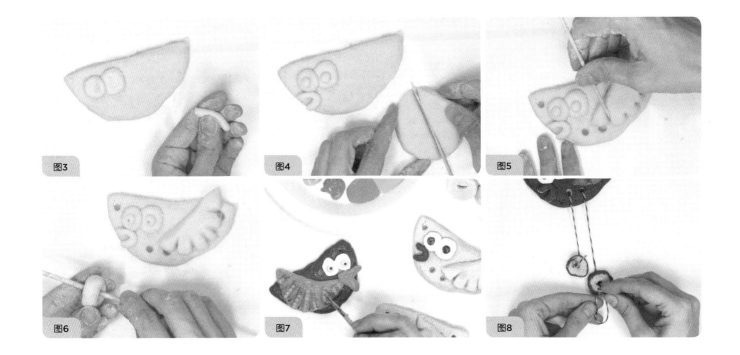

图3 图4 图5 图6 图7 图8

5 从多余的黏土中捏取两小片，做成鸟的眼睛。在眼睛背面涂一点水代替胶水，将较小的一片黏土按压到圆圈上，用来当作眼仁。

6 从多余的黏土中捏取一片，大小如花生，搓成小小的细长条。将细长条弯折成半，放到眼睛底下当作喙。（图3）

7 用黏土小球制作翅膀，可重复步骤2、3和4。用半个圆圈做成翅膀。（图4）

8 在鸟的底部戳两个洞。这些洞不要彼此挨得太近，也不要离底部太近。在鸟的顶端戳两个洞，每端各一个。（图5）

9 制作腿，可取两片大小如警车顶灯的黏土。用圆木棒戳一个穿过圆球的洞。（图6）

10 将炉子预热到250℉（120℃）。用防粘喷雾油喷洒饼干烤纸。将鸟和喙烘烤25~30分钟，并让黏土冷却。

11 为鸟和喙上色美化。晾干颜料。添加一层莫德·波奇剪贴胶。

12 在组装鸟的时候，可剪两段长度约为8英寸（20.5厘米）的细绳。至于脚，可将细绳穿过鸟底部的洞，并穿入一个串珠作为脚。打一个双结，固定喙。（图8）

13 将细绳穿过前侧顶端的洞，作为悬挂工具——在末端打结。用一滴胶水粘住所有的末端。

盐面团纹理鱼

利用实验课49的配方来创作这些表情丰富的黏土鱼。它们做起来简便而好玩吗，可以成为装饰和喜爱垂钓的人的礼物！

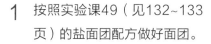

工具和材料

盐面团配方（实验课49，见132~133页）

带纹理的织物，例如粗麻布或蕾丝

蜡纸

一小碟水

圆木棒

饼干烤纸

防粘喷雾油

丙烯颜料

画笔

莫德·波奇剪贴胶

1 按照实验课49（见132~133页）的盐面团配方做好面团。

2 面团混合好后，捏取并揉搓一片大小如橙子的黏土，将它按压到带纹理的织物上。

3 慢慢从织物上剥离黏土，将它放到一张蜡纸上。（图1）

图1

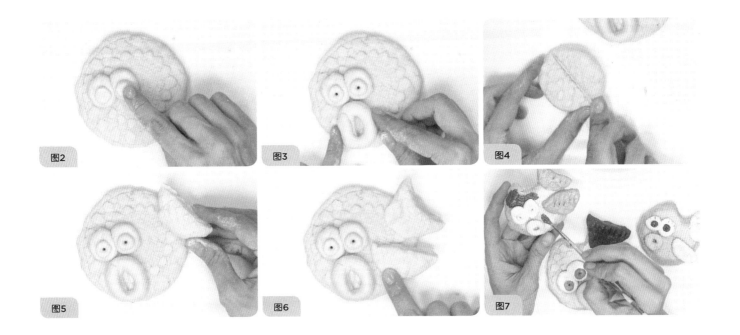

图2　图3　图4

图5　图6　图7

4　搓两个大小如警车顶灯的圆球黏土，做成鱼的眼睛。将它们压扁。用手指给压扁黏土的背面加一点水。将眼睛彼此紧挨着按压到粘贴圆圈的一侧。

5　制作眼仁，可揉搓更小的黏土片。给背面加一点水。将它们放到眼睛部位。（图2）

6　制作嘴巴，可取一片大小如警车顶灯的黏土，并搓成细长条。将细长条塑成圆圈，把它放到眼睛底下。（图3）

7　制作尾巴和鱼鳍，可取一片大小如乒乓球的黏土，并搓成圆球。将它压扁成圆圈，放到一块织物上。用圆木棒将它切割成两半。（图4）

8　将圆圈的一半添加到鱼的背面，当作尾巴。另一半添加到鱼脸与尾巴之间。它将成为鱼鳍。（图5和6）

9　将小片黏土切割成U字形，将它在鱼头上面按压妥帖。

10　将炉子预热到250℉（120℃）。给饼干烤纸喷洒防粘喷雾油。然后将鱼放到饼干烤纸上，烘烤25～30分钟。一旦出炉，就让它冷却，然后上色。

11　用丙烯颜料美化你的鱼。晾干颜料。用莫德·波奇剪贴胶密封和保护作品。（图7）

糖果黏土

这是本书中唯一可以真的吃下去的黏土！但它无论在外观还是手感上都和本书中的其他黏土没什么两样。不妨浏览一下其他实验课，看看有什么可供在雕塑中采纳的创意。或者用饼干模制作出装饰品，添加到杯形蛋糕和饼干等甜点上。创作可供食用的雕塑，一定会让你玩得过瘾。

工具和材料

袋装奶油裱花

微波炉安全碗

调羹

量杯

1/2杯玉米糖浆

一次性手套（任选）

食用色素

蜡纸

供撒的面粉

饼干模（任选）

玻璃纸礼品袋（任选）

缎带（任选）

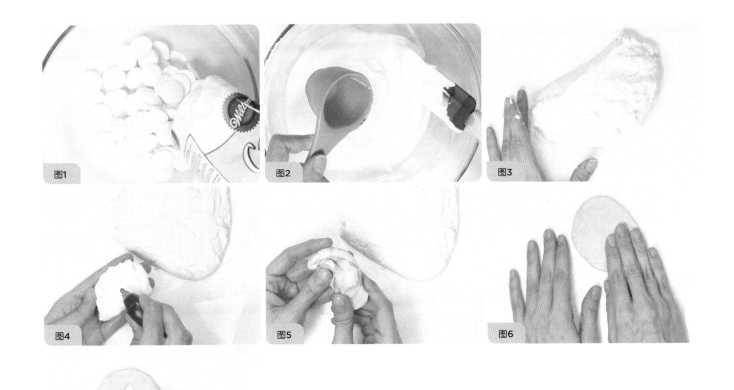

图1

图2

图3

图4

图5

图6

图7

1　将整袋奶油裱花全部倒在碗内。（图1）

2　将微波炉调至解冻2分钟。用调羹进行搅拌。继续在微波炉内解冻，直到糖果完全融化为止。

3　在玉米糖浆中混合，并搅拌到交融为止。（图2）

4　将糖果黏土倾倒在一窄条蜡纸上。让它冷却和硬化几小时，或是在冰箱内放置30分钟。（图3）

5　为黏土上色，可敲碎一片，放在双手间揉搓。一开始可能很硬。揉搓2分钟后，黏土就会软化。

6　在黏土中央加一滴食用色素。以加滴部位为目标，将黏土朝里折叠。通过揉捏使色素渗入黏土。如果想要避免双手被弄脏，可佩戴一次性手套。（图4和5）

7　将一张蜡纸放到桌上，洒上面粉。将黏土按压到蜡纸上。用饼干模划出形状或字母。（图6和7）

8　用糖果黏土点缀甜品。或者将它们放到带蝴蝶结的玻璃纸袋内，当作可以食用的礼品送出去！

资源

风干黏土创作图书

下列图书是为小艺术家探索窑烧黏土写的。然而，这些书中的作业可以很轻松地用风干黏土来完成。

《儿童陶瓷》玛丽·艾莉丝（Mary Ellis）著

《黏土大冒险》艾伦·康（Ellen Kong）著

《儿童"N"黏土陶瓷图书》 凯文·尼尔曼（Kevin Nierman）和艾拉尼·阿利马（Elaine Arima）著

《和儿童一起探索黏土》 克里斯·尤特莱（Chris Utley）和玛尔·麦格逊（Mal Magson）著

《初级学校的黏土》彼得·克劳（Peter Clough）著

《特级简单黏土作业》 卡伦·拉查纳·肯尼（Karen Latchana Kenney）著

树脂黏土创作图书

《可爱的黏土创作》 艾米丽·陈（Emily Chen）著

《树脂黏土技法图书》 苏·希萨（Sue Heaser）著

《塑形黏土动物图书》 贝尔纳戴特·库克萨特（Bernadette Cuxart）著

《塑形黏土动物图书》 贝尔纳戴特·库克萨特（Bernadette Cuxart）著

《疯狂的黏土精灵》 毛利恩·卡尔森（Maureen Carlson）著

在线资源

对于成长中的雕塑家来说，这里有一些很棒的在线资源。

"黏土儿童"（Clay Kid）是一个精彩的网站，除了大量小贴士和窍门之外，还有很棒的黏土动画视频。

www.claykids.com

"绘儿乐"（Crayola）网站上有各种适合儿童的艺术教程。只要简单地搜索"clay"一词，就可以找到各种可供选择的创意。

www.crayola.com

致 谢

感谢Quarry图书公司所有援助我这个无知姑娘完成本书写作和摄影的伙伴。没有你们大家的帮助，我是做不成这件事情的。

感谢我丈夫米奇（Mitch）对于我的理解：每天傍晚和周末一头钻进"黏土室"，待重新露面时连手指甲和头发也都沾满黏土。感谢你给予我搞得遍地狼藉的时间和空间。

感谢妈妈卓越的啦啦队技巧。您总是在关键时刻给予我鼓励，我爱您。

感谢我亲爱的执教艺术的朋友，他们总是在关键时刻给予建议、鼓励和拥抱。有了真诚的朋友，世界真的会变得更加美好。

特别要好好感谢你们，我亲爱的学生。在我试图教会你们技艺的年代里，你们在创意、想象力和耍性子方面同样教会了我很多东西。执教艺术真的是世上最好的工作，我为自己有机会从事这份工作而感到激奋！

作者简介

卡西·斯蒂芬思（Cassie Stephens）在纳什维尔地区给幼儿园到四年级的学生执教艺术已经快20年。在投身艺术教育之前，她是一名糟糕的女招待、可怜的玉米数据销售商和懒散的蛋厂雇员。一次陪伴祖母从中西部前往南方的命运之旅，使她在田纳西州谋得从事艺术教育的职位。从那时以来，她一直致力于和小宝宝们每每搞得遍地狼藉的创作。

如果向卡西的学生打听他们酷爱艺术的哪一点，你通常会得到以下两个回答"太好玩啦！"和"因为我们是在玩黏土呀！"卡西深知自己的学生是多么热爱黏土创作，便向他们介绍形形色色的各种作业，其中有很多可以在本书的相关篇页中找到。她发现向学生们展示操作黏土的创意实在太有趣了，但是真正的魔力在于目睹学生究竟会将这些创意发挥到什么程度，以及他们究竟会据此创作出什么佳作。

只要卡西不是沉湎于遍地狼藉带来的欢乐，你就会发现她常常在cassiestephens.blogspot.com上发博客，畅谈她在艺术教育中的种种历险。

索引